·四川大学精品立项教材·

功能材料及应用

GONGNENG CAILIAO JI YINGYONG

孙 兰 主 编

文玉华 颜家振 郭智兴 副主编

U0384258

四川大学出版社

责任编辑:唐　飞
责任校对:蒋　玙
封面设计:墨创文化
责任印制:王　炜

图书在版编目(CIP)数据

功能材料及应用 / 孙兰主编. —成都：四川大学
出版社，2015.1
四川大学精品立项教材
ISBN 978−7−5614−8336−7

Ⅰ.①功…　Ⅱ.①孙…　Ⅲ.①功能材料−高等学校−
教材　Ⅳ.①TB34

中国版本图书馆 CIP 数据核字（2015）第 023748 号

书名	**功能材料及应用**
主　编	孙　兰
出　版	四川大学出版社
地　址	成都市一环路南一段 24 号 (610065)
发　行	四川大学出版社
书　号	ISBN 978−7−5614−8336−7
印　刷	四川和乐印务有限责任公司
成品尺寸	185 mm×260 mm
印　张	9.25
字　数	223 千字
版　次	2015 年 2 月第 1 版
印　次	2018 年 7 月第 3 次印刷
定　价	28.00 元

◆读者邮购本书,请与本社发行科联系。
　电话:(028)85408408/(028)85401670/
　(028)85408023　邮政编码:610065
◆本社图书如有印装质量问题,请
　寄回出版社调换。
◆网址:http://www.scupress.net

前　言

　　材料是人类生存、社会发展、科技进步的物质基础，是现代科技革命的先导，是当代文明的三大支柱之一。世界各先进工业国家都把材料作为优先发展的领域。由于材料学科发展变化迅速，各种新型功能材料层出不穷，现有的教材已不能跟上材料发展的步伐。基于此，《功能材料及应用》主要介绍各种新型功能材料的基础物理知识、组成、结构、性能、制备、应用及其发展趋势，重点论述反映当代功能材料科学发展的主要前沿领域。本书主要内容包括储氢材料、磁性材料、智能金属材料及形状记忆合金、纳米功能材料、梯度功能材料、非晶态合金、超导材料。本书内容丰富，难度适中，信息量大，注重理论与实践的结合，从实际应用入手，将一些新型功能材料的最新应用个例融入教材中，有利于非材料研究人员对材料科学与工程的发展建立整体的认识；作为材料科学与工程专业的导论课程，也有利于材料专业人员对功能材料知识的普及和提高，把握高技术新型先进功能材料的发展趋势，为进一步开发新型功能材料奠定基础。

　　本书第 4 章由文玉华撰写，第 5 章由郭智兴撰写，第 7 章由颜家振撰写，其余各章由孙兰撰写。全书由孙兰统稿。

　　由于作者水平有限，书中不当之处在所难免，恳请各位读者批评指正，以便修订时完善。

编　者

2014 年 9 月

目　　录

第1章　功能材料概述

1.1　概述

1.1.1　材料的发展

　　材料无处不在，是人类赖以生存和发展的物质基础。材料是人类用于制造物品、器件、构件、机器或其他产品的物质。材料是物质，但不是所有物质都可以称为材料，如燃料、化学原料、工业化学品、食物和药物等，一般都不算是材料。但是这个定义并不那么严格，如炸药、固体火箭推进剂，一般称之为"含能材料"，因为它们属于火炮或火箭的组成部分。

　　材料是人类生活和生产的物质基础，是人类认识自然和改造自然的工具。可以这样说，自从人类一出现就开始使用材料。材料的历史与人类历史一样久远。从考古学的角度，人类文明曾被划分为旧石器时代、新石器时代、青铜器时代、铁器时代等，由此可见材料的发展对人类社会的影响。材料也是人类进化的标志之一，任何工程技术都离不开材料的设计和制造工艺，一种新材料的出现，必将支持和促进当代文明的发展和技术的进步。从人类的出现到21世纪的今天，人类的文明程度不断提高，材料及材料科学也在不断发展。

　　在人类文明的进程中，材料大致经历了以下五个发展阶段。

　　1.　使用纯天然材料的初级阶段

　　在远古时代，人类只能使用天然材料（如兽皮、甲骨、羽毛、树木、草叶、石块、泥土等），相当于人们通常所说的石器时代。这一阶段，人类所能利用的材料都是纯天然的，或只是纯天然材料的简单加工。

　　2.　单纯利用火制造材料的阶段

　　人们通常所说的铜器时代和铁器时代，也就是距今约1000年前到20世纪初的一个漫长的时期，它们分别以人类的三大人造材料为象征，即陶、铜和铁。这一阶段主要是人类利用火来对天然材料进行煅烧、冶炼和加工的时代。例如，人类用天然的矿土烧制陶器、砖瓦和陶瓷，以及从各种天然矿石中提炼铜、铁等金属材料等。

3. 利用物理与化学原理合成材料的阶段

20 世纪初，随着物理和化学等学科的发展以及各种检测技术的出现，人类一方面从化学角度出发，开始研究材料的化学组成、化学键、结构及合成方法；另一方面从物理学角度出发，开始研究材料的性质、材料制备，以及与使用材料有关的工艺性问题。在此基础上，人类开始了人工合成材料的新阶段。这一阶段以人工合成塑料、合成纤维及合成橡胶等合成高分子材料的出现为开端，一直延续到现在。除合成高分子材料以外，人类也合成了一系列的合金材料和无机非金属材料。超导材料、半导体材料、光纤材料等都是这一阶段的杰出代表。

从这一阶段开始，人们不再是单纯地通过简单的煅烧或冶炼天然矿石和原料来制造材料，而是利用一系列物理与化学原理及现象来制造新的材料。同时根据需要，人们可以在对以往材料的组成、结构及性能间关系的研究基础上进行材料设计。使用的原料有可能是天然原料，也有可能是合成原料。材料合成及制造方法更是多种多样。

4. 材料的复合化阶段

20 世纪 50 年代，金属陶瓷的出现标志着复合材料时代的到来。随后又出现了玻璃钢、梯度功能材料金属陶瓷等，这些都是复合材料的典型实例。它们都是为了适应高新技术的发展以及人类文明程度的提高而产生的。当时，人类已经可以利用新的物理、化学方法，根据实际需要设计独特性能的材料。

现代复合材料最根本的思想不只是要使两种材料的性能变成 3 加 3 等于 6，而是要想办法使它们变成 3 乘以 3 等于 9，乃至更大。

严格来说，复合材料并不只限于两种材料的复合。只要是由两种或两种以上不同性质的材料组成的材料，都可以称为复合材料。

5. 材料的智能化阶段

自然界中所有的动物或植物都能在没有受到绝对破坏的情况下进行自我诊断和修复。近三四十年研制出的一些材料已经具备了其中的部分功能，这就是目前最引起人们关注的智能材料，如形状记忆合金等。

尽管近 4 余年来，智能材料的研究取得了重大进展，但是离理想智能材料的目标还相距甚远。

如上所述，在 20 世纪，材料经历了五个发展阶段中的三个阶段，这种发展速度是前所未有的。总的来说，材料科学的发展有以下几个特点：超纯化（从天然材料到合成材料）、量子化（从宏观控制到微观和介质控制）、复合化（从单一到复合）及可设计化（从经验到理论）。当前，高技术新材料的发展日益丰富，将来会出现什么样的高技术材料，材料科学又将发展到何种程度，我们很难预料。

1.1.2 材料的分类

材料除了具有重要性和普遍性以外，还具有多样性。因此，其分类方法也就没有一个统一标准。

从物理、化学属性来分，材料可分为金属材料、无机非金属材料、有机高分子材料，以及由不同性质材料所组成的复合材料。

从用途来分，材料又分为电子材料、航空航天材料、核材料、建筑材料、能源材料、生物材料等。其中，能源材料是近十年发展起来的一类新型材料。它包括储能材料、节能材料、能量转换材料和核能材料等。生物材料是用于人体组织和器官的诊断、修复或增进其功能的一类高技术材料，即用于取代、修复活组织的天然或人造材料，其作用是药物不可替代的。核材料即核燃料（nuclearfuel），是指能产生裂变或聚变核反应并释放出巨大核能的物质。

更常见的两种分类方法则是结构材料与功能材料，以及传统材料与新型材料。其中，传统材料是指已经成熟且在工业中已批量生产并大量应用的材料，如钢铁、水泥、塑料等。这类材料由于其量大、产值高、涉及面广，又是很多支柱产业的基础，所以又称为基础材料。新型材料（先进材料）是指正在发展，且具有优异性能和应用前景的一类材料。新型材料与传统材料之间并没有明显的界限，传统材料通过采用新技术，提高技术含量和性能，大幅度增加附加值就成为新型材料；新型材料在经过长期生产与应用之后也就成为传统材料。传统材料是发展新型材料和高技术的基础，而新型材料又往往能推动传统材料的进一步发展。

1.1.3　材料的应用

图 1.1 为不同类型材料体现出来的效能与其价格的关系。可以看到，建筑材料作为传统材料，其产量大，涉及面广，效能低，相对价格最低；而医用生物材料作为新型材料，具有优异性能和应用前景，其效能最高，因而其价格也最高。

图 1.1　不同类型材料的效能与价格的关系

1.2 功能材料的概念与特点

根据性能不同，材料可分为结构材料和功能材料。

结构材料是指具有抵抗外场作用而保持自己的形状、结构不变的优良力学性能，用于结构目的的材料，通常用来制造工具、机械、车辆和修建房屋、桥梁、铁路等。结构材料是人们熟悉的机械制造材料、建筑材料，包括结构钢、工具钢、铸铁、普通陶瓷、耐火材料、工程塑料等传统结构材料以及高温合金、结构陶瓷等高级结构材料。

功能材料是指以特殊的电、磁、声、光、热、力、化学及生物学等性能作为主要性能指标的一类材料，是用于非结构目的的高技术材料。在国外，常将这类材料称为功能材料 (functional materials)、特种材料 (speciality materials) 或精细材料 (fine materials)。功能材料相对于通常的结构材料而言，除了具有机械特性外，一般还具有其他的功能特性。

结构材料和功能材料的主要区别是结构材料利用材料的力学性能，功能材料利用材料的光、电、磁、热、声等物理、化学性能。但是两者之间没有严格的界限，如铝、铜等既可以做结构件，又可以做导线。

功能材料与结构材料相比，具有以下一些主要特征：

（1）功能材料的功能对应于材料的微观结构和微观物体的运动，这是最本质的特征。

（2）功能材料的聚集态和形态非常多样化。除了晶态外，还有气态、液态、液晶态、非晶态、准晶态、混合态和等离子态等；除了三维立体材料外，还有二维、一维和零维材料；除了平衡态外，还有非平衡态。

（3）结构材料常以材料形式为最终产品，而功能材料有相当一部分是以元件形式为最终产品，即材料元件一体化。

（4）功能材料是利用现代科学技术的多学科交叉的知识密集型产物。

（5）功能材料的制备技术不同于制备结构材料的传统技术，而是采用许多先进的新工艺和新技术，如急冷、超净、超微、超纯、薄膜化、集成化、微型化、密集化、智能化以及精细控制和检测技术等。

材料的特定功能与特定结构是互相联系的。如有些材料，在发生了塑性变形后，经过合适的热过程，能够回复到变形前的形状，因此出现了形状记忆合金等。

功能材料的概念是由美国贝尔研究所 Morton J A 博士在 1965 年首先提出来的，但人类对功能材料的研究和应用远早于 1965 年，只是其品种和产量很少，且在相当一段时间内发展缓慢。20 世纪 60 年代以来，各种现代技术如微电子、激光、红外、光电、空间、能源、计算机、机器人、信息、生物和医学等技术的兴起，强烈刺激了功能材料的发展。同时，由于固体物理、固体化学、量子理论、结构化学、生物物理和生物化学等学科的飞速发展，以及各种制备功能材料的新技术和现代分析测试技术在功能材料研究和生产中的实际应用，许多新的功能材料不仅已在实验室中研制出来，而且已批量生产并投入使用。现代科学技术的迅猛发展，使得适应高技术的各种新型功能材料如雨后春笋一般不断涌现，它们赋予高技术新的内涵，促进了高技术的发展和应用的实现。

近 10 年来，功能材料成为材料科学和工程领域中最为活跃的部分，它每年以 5％以上的速度增长，相当于每年有 1.25 万种新型材料问世。未来世界需要更多的性能优异的功能材料，功能材料正在渗透到现代生活的各个领域。

1.3 功能材料的分类

随着技术的发展和人类认识的扩展，新型功能材料不断被开发出来，因此对其也产生了许多不同的分类方法。

1.3.1 按功能分类

从功能的不同考虑，可将功能材料分为以下几类。

1．力学功能材料

主要是指强化功能材料和弹性功能材料，如力学功能玻璃、超弹性合金等。

2．化学功能材料

（1）分离功能材料，如分离膜、离子交换材料、分子筛等。

（2）催化功能材料，如各种催化剂等。

（3）含能功能材料，如炸药、固体火箭推进剂等。

3．物理化学功能材料

（1）电学功能材料，如超导材料等。

（2）光学功能材料，如发光材料等。

（3）能量转换材料，如压电材料、光电材料等。

4．生物化学功能材料

（1）医用功能材料，如人工脏器用材料——人工肾、人工心肺，可降解的医用缝合线、骨钉、骨板等。

（2）功能性药物，如缓释性高分子、药物活性高分子、高分子农药等。

（3）生物仿生材料。

5．磁学功能材料

如磁悬浮列车、核磁共振仪等。

1.3.2 按功能显示过程分类

功能材料按其功能的显示过程又可分为一次功能材料和二次功能材料。

1. 一次功能材料

当向材料输入的能量和从材料输出的能量属于同一种形式时，材料起到能量传输部件的作用，材料的这种功能称为一次功能。以一次功能为使用目的的材料又称为载体材料。

一次功能主要有以下八种：

（1）力学功能，如惯性、黏性、流动性、润滑性、成型性、超塑性、弹性、高弹性、振动性和防震性等。

（2）声功能，如隔音性、吸音性等。

（3）热功能，如传热性、隔热性、吸热性和蓄热性等。

（4）电功能，如导电性、超导性、绝缘性等。

（5）磁功能，如硬磁性、软磁性、半硬磁性等。

（6）光功能，如遮光性、透光性、折射光性、反射光性、吸光性、偏振光性、分光性、聚光性等。

（7）化学功能，如吸附作用、气体吸收性、催化作用、生物化学反应、酶反应等。

（8）其他功能，如放射特性、电磁波特性等。

2. 二次功能材料

当向材料输入的能量和从材料输出的能量属于不同形式时，材料起到能量转换部件的作用，材料的这种功能称为二次功能或高次功能。有人认为，二次功能材料才是真正的功能材料。

二次功能按能量的转换系统的不同，可分为以下四类：

（1）光能与其他形式能量的转换。

（2）电能与其他形式能量的转换。

（3）磁能与其他形式能量的转换。

（4）机械能与其他形式能量的转换。

1.3.3 按材料种类分类

按材料种类不同，功能材料还可分为金属功能材料、无机非金属功能材料、功能高分子材料和功能复合材料。

1. 金属功能材料

金属功能材料是开发比较早的功能材料。随着高新技术的发展，一方面促进了非金属材料的迅速发展，同时也促进了金属材料的发展。许多区别于传统金属材料的新型金属功能材料应运而生，有的已被广泛应用，有的具有广泛应用的前景。例如形状记忆合金的发现及各种形状记忆合金体系的开发研制，使得这类新型金属功能材料在现代军事、电子、汽车、能源、机械、航空航天、医疗卫生等领域得到了广泛的应用。

有些金属材料本身具有特定的功能，经过开发研究，可以对这些特定的功能加以利用。例如，稀土功能材料的制备和应用。稀土元素在电、光、磁等方面具有独特性质，故在功能材料领域获得了广泛的应用。稀土功能材料主要包括稀土永磁材料、稀土储氢材料、稀土发光材料、超磁致伸缩材料、超导材料等，其应用遍及航空航天、信息、电子、能源、交通、医疗卫生等 13 个领域的 40 多个行业。我国稀土资源非常丰富，其工业储量约占世界已探明总储量 6200 万吨的 80%。将我国的稀土资源优势变为产业优势和经济优势，使它的研究开发既能形成一批新型高新技术产业，又能辐射、带动传统产业的技术进步。因此，发展稀土功能材料对我国具有重要的战略意义和现实意义。利用这种具有特殊功能的金属材料，是金属功能材料开发的一个方面。

另一方面，非晶态合金由于具有优异的物理、化学性能，是一种极有发展前景的新型金属材料。由于超急冷凝固、合金凝固时原子来不及进行有序的排列结晶，所以由非晶态合金得到的固态合金是长程无序的结构，没有晶态合金的晶粒、晶界存在。非晶态合金具有优异的磁性、耐蚀性、耐磨性，高的强度、硬度和韧性，以及高的电阻率等性能。

2. 无机非金属功能材料

无机非金属功能材料以功能玻璃和功能陶瓷为主，近来也发展了一些新工艺和新品种。

（1）功能玻璃包括微晶玻璃、激光玻璃、半导体玻璃、光色玻璃、生物玻璃等。

微晶玻璃（玻璃陶瓷）具有玻璃和陶瓷的双重特性，和陶瓷一样是有规律的原子排列，比玻璃韧性强。微晶玻璃机械强度高，绝缘性能优良，热膨胀系数可在很大范围内调节，耐化学腐蚀，耐磨，热稳定性好，使用温度高，广泛应用于新型建筑材料、高档建筑的外墙及室内装饰。

半导体玻璃即非晶硅，制造工艺比较简单，也可制造出很大尺寸的薄膜材料，适合于工业化大规模生产，因此展现出巨大的应用前景。例如非晶硅太阳能电池，成本低，重量轻，转化效率较高，已成为太阳能电池主要发展产品之一。

光色玻璃是指在适当波长光的辐照下改变其颜色，而移去光源时则恢复其原来颜色的玻璃，又称变色玻璃，是在玻璃原料中加入光色材料制成的。

生物玻璃是指能实现特定的生物、生理功能的玻璃。将生物玻璃植入人体骨缺损部位，能与骨组织直接结合，起到修复骨组织、恢复其功能的作用。

新型功能玻璃除了具有普通玻璃的一般性质以外，还具有许多独特的性质，如磁光玻璃的磁—光转换性能、声光玻璃的声光性、导电玻璃的导电性、记忆玻璃的记忆特性等。

（2）功能陶瓷在电、磁、声、光、热等方面具备许多优异性能。功能陶瓷包括生物陶瓷、金属陶瓷、超导陶瓷、电子陶瓷、光导纤维、透明陶瓷等。

生物陶瓷：主要是用作生物硬组织的代用材料，可用于骨科、整形外科、牙科、口腔外科、心血管外科、眼外科、耳鼻喉科及普通外科等方面。

金属陶瓷：既具有金属的韧性、高导热性和良好的热稳定性，又具有陶瓷的耐高温、耐腐蚀和耐磨损等特性，常用作各种切削刀具。

超导陶瓷：具有超导性的陶瓷材料，在诸如磁悬浮列车、超导电机、超导探测器、超导天线以及超导计算机等方面有着广泛的应用前景。

电子陶瓷：多数以氧化物为主成分的烧结体材料。电子陶瓷的制造工艺与传统的陶瓷生产工艺大致相同，广泛用于制作电子功能元件。

光导纤维：由两种或两种以上折射率不同的透明材料通过特殊复合技术制成的复合纤维。特点是质量轻、成本低、敷设方便，而且容量大、抗干扰、稳定可靠、保密性强，可用于通信、电视、广播、交通、军事、医疗卫生等许多领域。

透明陶瓷：如果选用高纯原料，并通过工艺手段排除气孔就可能获得透明陶瓷。其特点是透明度、强度、硬度高于普通玻璃，而且耐磨损、耐划伤、耐高温。透明陶瓷不仅可应用于制造高压钠灯、防弹汽车的窗、坦克的观察窗、轰炸机的轰炸瞄准器和高级防护眼镜等，还广泛应用于机械、化学、仪表、电子等工业及日常用品中。

3. 功能高分子材料

功能高分子材料除了其力学性能外，还具有物质分离，光、电、磁、能量储存和转化，生物医用等特殊性能。这种特殊功能是由它们的链结构，链上所带的功能基的种类、数量、分布以及高分子的聚集态和形态所确定的。

4. 功能复合材料

功能复合材料主要由功能体和基体，或由两种（或两种以上）功能体组成。

复合材料的最大特点在于它的可设计性，主要应用在航空航天（碳纤维、玻璃纤维复合材料、吸波材料）、交通车辆（玻璃纤维增强聚氨酯复合材料）、风力发电叶片（碳纤维增强塑料）、体育用品等。

另外，按应用领域不同，功能材料还可分为电工材料、能源材料、信息材料、光学材料、仪器仪表材料、航空航天材料、生物医学材料和传感器用敏感材料等。

功能材料种类很多，而且功能复杂，应用领域广泛。本书拟采用混合分类法进行介绍。

1.4 功能材料的现状及展望

1.4.1 功能材料国内外发展现状

当前，国际功能材料及其应用技术正面临新的突破，诸如超导材料、纳米材料、生物医用材料、生态环境材料、能源转换及储能材料、智能材料等正处于日新月异的发展之中，发展功能材料技术正在成为一些发达国家强化其经济及军事优势的重要手段。

1. 超导材料

以 NbTi，Nb_3Sn 为代表的实用超导材料已实现了商品化，在核磁共振人体成像（NMRI）、超导磁体及大型加速器磁体等多个领域获得了应用。高温氧化物超导材料的出现，突破了温度壁垒，把超导应用温度从液氦（4.2 K）提高到液氮（77 K）温区。高温超导材料的研究和应用工作已在单晶、薄膜、块材、线材等方面取得了重要进展。

2. 纳米材料

纳米科技是指在 1～100 nm 尺度空间内，研究电子、原子和分子运动规律、特性的高新技术学科。其最终目标是人类按照自己的意志直接操纵单个原子、分子，制造出具有特定功能的产品。当人们将宏观物体细分成超微颗粒（纳米级）后，它将显示出许多奇异的特性，即它的光学、热学、电学、磁学、力学以及化学方面的性质与大块固体时相比将会有显著的不同。

3. 生物医用材料

作为高技术重要组成部分的生物医用材料已进入一个快速发展的新阶段，其市场销售额正以每年 16％ 的速度递增，预计 20 年内，生物医用材料所占的份额将赶上药物市场，成为一个支柱产业。生物活性陶瓷已成为医用生物陶瓷发展的主要方向；生物降解高分子材料是医用高分子材料发展的重要方向。

随着近年来材料科学的发展，生物医用材料的研究取得了一些令人瞩目的成果，尤其是组织工程研究的进展，使机体结构组织（骨、肌肉、皮肤、神经等）的再生成为可能。组织工程中的关键是支架材料，能诱导新骨形成或非骨组织形成的支架材料仍将是当前材料研究的重点。生理条件下仿生装配纳米生物材料已成为生物医用材料研究的前沿。

生物医用材料包括：①硬组织的替代材料，如人骨、人工牙齿或骨的修复材料；②埋入生物体内部的植入材料，如人工心脏瓣膜、人工血管、人工肾等医用高分子材料；③作为药物定位的载体，控制药物的释放。为此，要求生物医用材料必须具有良好的生物功能性和生物相容性。所谓生物功能性，是指生物材料具有在其植入位置上行使功能所需的物理和化学性质。生物相容性则是指一种生物材料在特殊应用中与宿主反应起作用的能力。目前对生物相容性的理解，已不仅仅是要求材料植入后不会引起毒性反应，更要求植入材料和肌体之间的相互作用能被永久地协调好。

4. 能源材料

能源是人类社会生存与发展的重要物质基础，是现代文明的三大支柱之一。能源材料是指正在发展的、可能支撑新能源体系的建立、满足各种新能源及节能新技术所要求的一类材料。按使用目的不同，可分为新能源材料、节能材料和储能材料。

太阳能电池材料是新能源材料研究开发的热点，目前最有希望大量应用的是硅太阳能电池。单晶硅光电池光电转换效率高，但材料价格较贵。多晶硅光电池效率达 13％，半导体材料 GaAs 的转换效率可达 20％～28％。采用多用复合结构，通过选择性吸收涂层和光谱转换涂层可进一步提高转换效率。

氢能是人类未来的理想能源，资源丰富，干净，无污染。氢能利用的关键是氢的制备技术和高密度的安全储运。在储氢材料中，人们对储氢合金进行了系统研究，目前具有实用价值的储氢合金材料主要有稀土系列、铣铁系列、钴锰系列等。我国稀土资源丰富，开发混合稀土系列储氢合金材料及其应用工程技术具有广阔的发展前景。美国能源部在全部氢能研究经费中，大约有 50％ 用于储氢技术。

固体氧化物燃料电池（SOFC）的研究十分活跃，被认为是最有效率的、万能的发电系统。特别是作为分散的电站，SOFC 可用于发电、热电联供、交通等许多领域。

5. 生态环境材料

随着现代社会和工业的快速发展，资源和能源的消耗急剧增加，大量废弃物及有害物的排除，使人类生活的周围环境和地球环境日益恶化。许多科学家预言，环境问题将是 21 世纪人类面临的最大危机和最严峻的挑战之一。正因为如此，大力发展生态环境材料，开展材料的环境协调性评估，发展零排放和零废弃的新材料技术，实现材料的综合利用，已成为越来越多的国家关注的焦点。

所谓生态环境材料，是指具有良好的使用性能或功能，并且能够和环境相协调的材料。生态环境材料领域是 20 世纪 90 年代在国际高技术新材料研究中形成的一个新领域，其研究开发在日、美、德等发达国家十分活跃。这类材料消耗的资源和能源少，对生态和环境污染小，再生利用率高，同时从材料的制造、使用、废弃直至再生循环利用的整个寿命过程都与生态环境相协调。因此，生态环境材料不是指某一具体的新材料，而是指考虑到资源和环境问题的新材料的总称。

生态环境材料主要有以下三个研究方向：①直接面临的与环境问题相关的材料技术，如生物可降解材料技术，CO_2 气体的固化技术，SO_x，NO_x 催化转化技术，废物的再资源化技术，环境污染修复技术，材料制备加工中的洁净技术以及节省资源、节省能源的技术；②开发能使经济可持续发展的环境协调性材料，如仿生材料，环境保护材料，氟里昂、石棉等有害物质的替代材料，绿色新材料等；③材料的环境协调性评价，主要采用寿命全程评价法。

6. 光电子材料

光电子材料是指光电子技术中所用的材料。它对于满足计算机、通信、国防、航天工业等领域的应用至关重要。在现代科学技术的发展中，电子学和光子学已形成交叉共生的发展关系。光电子技术是现代信息科学技术的重要组成部分。信息的传递可由光子负担，而信息的产生、处理、检测、存储和显示等功能则由光子和电子联合完成。光电子信息系统包括光载波源，光控制与信号加载，光信号传输、处理和接收（检测和显示）。其所需要的光电子器件材料多种多样，从无机物到有机物，从单晶到非晶态，从半导体到绝缘体，可达几十种之多。

7. 智能材料

智能材料是指能够感知环境变化并通过自我判断得出结论同时执行相应命令的材料，是继天然材料、制造材料、合成高分子材料、人工设计复合材料之后的第五代材料，是现代高技术新材料发展的重要方向之一，将支撑未来高技术的发展，使传统意义下的功能材料和结构材料之间的界线逐渐消失，从而实现结构功能化、功能多样化的目标。因此，科学家们预言智能材料的研制成功和大规模应用将导致材料科学发展的又一次重大革命。

智能材料系统和结构集传感、控制和驱动（执行）等功能于一体，它能适时地感知与响应外界环境的变化，做出判断，发出指令，并执行和完成动作，在高水平上实现自检测、自诊断、自监控、自修复及自适应等多种功能。目前，研究开发的智能材料系统和结构的主要材料有形状记忆合金、压电材料、电（磁）致伸缩材料、光纤和电流变体、磁流变体等。利用这些机敏材料的功能，通过多种材料组合的功能复合和仿生设计，将智能属性"注入"材料系统的宏观和微观结构中，得到传感、控制和驱动于一体的智能材料系统和结构。

国外智能材料的研发方面已取得很多技术突破，例如英国开发出一种快速反应形状记忆合金，寿命期具有百万次循环，且输出功率高，以它作为制动器时，反应时间仅为 10 min；智能玻璃是近年刚出现的新型智能材料，国外目前正开始大规模生产，而国内还处于刚刚起步的阶段。

我国非常重视功能材料的发展，在国家攻关、"863"、"973"、国家自然科学基金等计划中，功能材料都占有很大比例。在"九五""十五"国防计划中，还将特种功能材料列为"国防尖端"材料。这些科技行动的实施，使我国在功能材料领域取得了丰硕的成果。

在"863"计划的支持下，我国开辟了超导材料、平板显示材料、稀土功能材料、生物医用材料、储氢等新能源材料，金刚石薄膜、高性能固体推进剂材料、红外隐身材料、材料设计与性能预测等功能材料新领域，取得了一批接近或达到国际先进水平的研究成果，在国际上占有了一席之地。例如，镍氢电池、锂离子电池的主要性能指标和生产工艺技术均达到了国外的先进水平，推动了镍氢电池的产业化；高档钕铁硼产品的研究开发和产业化取得了显著进展，在某些成分配方和相关技术上取得了自主知识产权。

国家工业和信息化部于 2012 年发布《新材料产业"十二五"发展规划》（以下简称《规划》）。《规划》指出，材料工业是国民经济的基础产业。新材料产业是材料工业发展的先导，是重要的战略性新兴产业。高性能复合材料和前沿新材料将是我国重点发展的新材料品种。《规划》将新材料划分为六大领域：①特种金属功能材料；②高端金属结构材料；③先进高分子材料；④新型无机非金属材料；⑤高性能复合材料；⑥前沿新材料。

资料表明，我国 2011 年新材料产业规模超过 8000 亿元，与 2009 年相比，增加近 1500 亿元。我国的新材料产业规模近年来正在经历快速扩张，年均增长率超过 20%。《规划》中预计，新材料产业总产值到 2015 年将达 2 万亿元；到 2020 年，新材料产业将成为国民经济的先导产业，主要产品能满足国民经济和国防建设的需要。目前，我国稀土功能材料、先进储能材料、光伏材料、有机硅、超硬材料、特种不锈钢、玻璃纤维及其复合材料等产能已居世界前列。我国目前已掌握近 20 项新材料的关键技术，包括高性能碳纤维、高品质特殊钢和半导体照明材料与芯片等。新材料是促进传统产业转型升级的重要基础，也是国家战略性新兴产业发展的重大支撑和保障，对提升我国材料工业整体实力，促进工业转型升级具有重要战略意义。但目前我国新材料仍面临技术创新水平低、自主开发能力薄弱等问题。此外，我国的高端结构材料和功能材料也面临自给率不高、材料品质低、新材料研发与产业化脱节等问题。一些高端产品虽然早已在国内研发成功，但推广应用困难，相关产品还得依靠进口。

1.4.2 功能材料的发展趋势

展望 21 世纪，高新技术会更加迅猛地发展，对功能材料的需求也会日益迫切。功能材料具有各种奇特的功能，其发展潜力是巨大的，随着科学技术的发展，必将会有更多的新型功能材料出现。从国内外功能材料的研究动态看，功能材料的发展可归纳如下：

（1）开发高技术所需的新型功能材料，特别是尖端领域（如航空航天、高速信息、新能源、海洋技术和生命科学等）所需和在极端条件下（如超高温、超高压、超低温、强腐蚀、高真空、强辐射等）工作的高性能功能材料。

（2）功能材料的功能从单功能向多功能和复合或综合功能发展，从低级功能（如单一的物理性能）向高级功能（如人工智能、生物功能和生命功能等）发展。

（3）功能材料和器件的一体化、高集成化、超微型化、高密积化和超分子化。

（4）功能材料和结构材料兼容，即功能材料结构化、结构材料功能化。

（5）进一步研究和发展功能材料的新概念、新设计和新工艺。已提出的新概念有梯度化、低维化、智能化、非平衡态、分子组装、杂化、超分子化等；已提出的新设计有化学模式识别设计、分子设计、非平衡态设计、量子化学和统计力学计算法等，这些新设计方法都要采用计算机辅助设计，要求建立数据库和计算机专家系统；已提出的新工艺有激光加工、离子注入、等离子注入、分子束外延、电子和离子束沉积、固相外延、精细刻蚀、生物技术及在特定条件下（如高温、高压、低温、高真空、微重力、强电磁场、强辐射、急冷和超净等）的工艺技术。

（6）完善和发展功能材料检测和评价的方法。

（7）加强功能材料的应用研究，扩展功能材料的应用领域。

参考文献

[1] 贡长生，张克立. 新型功能材料 ［M］. 北京：化学工业出版社，2001.

[2] 周馨我. 功能材料学 ［M］. 北京：北京理工大学出版社，2000.

[3] 王正品. 金属功能材料 ［M］. 北京：化学工业出版社，2004.

[4] 郭卫红，汪济奎. 现代功能材料及其应用 ［M］. 北京：化学工业出版社，2002.

[5] 马如璋，蒋民华. 功能材料学概论 ［M］. 北京：冶金工业出版社，1999.

[6] 殷景华，王雅珍. 功能材料概论 ［M］. 哈尔滨：哈尔滨工业大学出版社，1999.

[7] 郑子樵. 新材料概论 ［M］. 长沙：中南大学出版社，2009.

[8] 陈光，崔崇. 新材料概论 ［M］. 北京：科学出版社，2009.

[9] 李慧. 生物医学材料研究现状及进展 ［J］. 临床医学工程，2012，19（11）：2081－2082.

[10] 吕德龙. 新材料与新技术在新产品开发中的应用 ［J］. 中国军转民，2012（9）：31－39.

第 2 章　储氢材料

能源是人类赖以生存的基本资源。在人类长期发展的历史过程中，化石能源一直是人类使用的主要能源，但是石油、煤等资源的储量是有限的，而且大量地使用煤、石油等会对自然环境造成很大的破坏，因此，新能源开发已成为人类可持续发展战略的重要组成部分。早在 20 世纪 70 年代日本就出台了开发新能源的"阳光"计划，我国的各个重要科技计划中也都将新能源的发展作为重要组成部分。新能源一般是指太阳能、风能、地热能、潮汐能等。这些能源在大多数情况下不能直接使用，也不能储存，故必须将它们转换成可使用的能源形式，或将之用适当的方式储存起来再加以利用。因此，就出现了最佳的二次能源形式。

氢能就是能将这些新能源有效地储存起来的一种可再生的含能体二次新能源。因其具有优异的特性而受到高度重视。氢能实质是指以氢与氧化剂（如空气中的氧）发生化学反应放出的能量。氢能的发展主要是基于以下两个背景：

一是随着工业的发展和人类物质生活及精神文明的提高，能源的消耗也与日俱增。世界上最近 25 年内能源的消耗量相当于过去一百年的消耗量。地球上天然矿物的一次能源（如煤、石油和天然气等）储存量快速减少，已发现的矿物能源在有限时期内将会用尽。化石燃料的长期大量消耗，导致其资源日渐枯竭，同时能源消耗的急剧增长又将导致人类生态环境的恶化，因此，在开发新能源的同时必须考虑到能源的高效使用和尽可能降低对环境的污染。

二是氢本身具有来源丰富、质量轻、无毒无污染、发热值高、燃烧性能好、用途广泛等诸多优点，既是理想的清洁能源，也是一种优良的能源载体，可储可输，应用广且方便。

鉴于以上种种原因，氢能源的开发引起了人们极大的兴趣。从 20 世纪 90 年代起，美、日、德等发达国家制定了系统的氢能研究与发展规划。

2.1　氢能的特点及利用

2.1.1　氢能的特点

氢是未来最理想的二次能源，位于元素周期表之首，它的原子序数为 1，在常温常

压下为气态,在超低温或超高压下又可成为液态。作为能源,氢有以下 8 个特点:

(1) 氢在所有元素中,质量最轻。在标准状态下,氢的密度为 0.0889 g/L,在 −253.7℃时,可成为液体,若将压力增大到数百个大气压,液态氢可变为金属氢。

(2) 氢在所有的气体中,导热性最好。氢比大多数气体的导热系数高出 10 倍左右,因此氢在能源工业中是极好的传热载体。

(3) 氢是自然界中存在的最普遍的元素。虽然自然氢的存在极少,但氢以化合物的形式储存于地球上最广泛的物质水中。据推算,如把海水中的氢全部提取出来,它所产生的总热量比地球上所有化石燃料放出的热量还高 9000 倍。

(4) 氢的发热值虽然比核燃料低,但它却是所有化石燃料、化工燃料和生物燃料中最高的,约为 1.4×10^5 kJ/kg,是汽油发热值的 3 倍。

(5) 氢的燃烧性好,点燃快,与空气混合时有广泛的可燃范围,而且燃点高,燃烧速度快。

(6) 氢燃烧后的产物是水,无环境污染问题,而且燃烧生成的水还可以继续制氢,可反复循环使用。

(7) 氢能利用的形式多。氢能利用既可包括氢与氧燃烧所放出的热能,又可包括氢与氧发生电化学反应直接获得的电能。

(8) 氢的储存方式很多,可采用气体、液体、固体或化合物的形式将氢储存和运输,因此可适应环境的不同要求。

氢能系统是一个有机的系统工程,它包括氢源开发、制氢技术、储氢技术、输氢技术以及氢的利用技术 5 个方面,其中氢的制取、储存(含运输)及应用构成氢能开发利用的三要素。要想有效地利用氢能源,除了需要经济、环保地把氢气生产出来外,面临的另一个问题是氢气的安全储存、运输及释放。由于氢气具有易气化、易扩散、易燃、易爆和密度非常小等特点,所以解决氢气的储存和运输就成为开发利用氢能的关键。

2.1.2　氢能的利用

氢能的利用主要包括两个方面:一是制氢工艺,二是储氢方法。研究廉价而又高效的制氢技术和安全高效的储氢技术,开发新型高效的储氢材料和安全的储氢技术是当务之急。

1. 制氢工艺

目前制氢最有希望的方向是利用太阳能分解海水,即光解法制氢。

2. 储氢方法

根据物理化学原理,目前所采用的储氢方法可分为物理法和化学法。所谓物理法储氢,是指储氢物质和氢分子之间只有纯粹的物理作用或物理吸附。而化学法储氢则是储氢物质和氢分子之间发生化学反应,生成新的化合物,具有吸收或释放氢的特性。物理法储氢技术包括高压压缩储氢、深冷液化储氢、活性炭吸附储氢、碳纳米管吸附储氢等;化学法储氢技术包括金属氢化物储氢、无机化合物储氢、有机液体氢化物储氢等。

1）物理法储氢技术

（1）高压压缩储氢。

气体氢主要用高压钢瓶，储氢量小，储氢密度低，使用不方便。

（2）深冷液化储氢。

在常压和 20 K 温度下，气态氢可液化为液态氢。液态氢的密度是气态氢的 845 倍，体积能量密度高，储存容器体积小。

液化储氢面临以下两个主要难题：

①氢气的深冷液化能耗高。

②液态氢的储存和保养问题：由于液态氢储器内的温度与环境温度的温差大（253℃±25℃），对液态氢的保冷、防止挥发、储器材料和结构设计以及加工工艺等提出了苛刻的要求。

（3）活性炭吸附储氢。

活性炭具有较高的比表面积，而且炭粒中还有更细小的孔——毛细管。这种毛细管具有很强的吸附能力，利用低温加压可吸附储氢。例如，在 −120℃，5.5 MPa 下，活性炭储氢量高达 9.5%（质量分数）。

特点：活性炭吸附储氢器体积比金属氢化物储氢器稍大，原料易得，吸附储氢和脱氢操作比较简单，投资费用较低。

（4）碳纳米管吸附储氢。

碳纳米管由于其管道结构及多壁碳管之间的类石墨层空隙，成为最有潜力的储氢材料，且是当前研究的热点。碳纳米管储氢的优越性将使碳纳米管燃料电池成为最具发展潜力的新型汽车动力源。

氢在碳纳米材料中的吸附机理是介于传统范德华力和化学键之间。由于碳纳米材料中独特的晶格排列结构，材料尺寸非常细小，具有较大的理论比表面积，因此碳纳米材料被认为是一种很有前途的吸附储氢材料。研究发现，涂抹了锂和钾的碳纳米材料在常温、常压下就能有比较好的吸附效果。Chen P 发现在常压、温度为 27℃时，氢的吸附储存质量百分比为 14%，在 −73℃～127℃时则可以达到 20%。但是世界范围内所测其储氢量相差太大（0.01%～67%），如何准确测定以及探究其储氢机理则有待于进一步研究。

2）化学法储氢技术

（1）金属氢化物储氢。

某些过渡金属、合金、金属间化合物，由于其特殊的晶格结构等原因，在一定条件下，氢原子比较容易进入金属晶格的四面体或八面体间隙中，形成金属氢化物，可储存比其体系大 1000～1300 倍的氢。当金属氢化物受热时，又可释放出氢气。

优点：可储存相当于合金自身体积上千倍的氢气，吸氢密度超过液态氢和固态氢密度，轻便安全。

（2）无机化合物储氢。

某些无机化合物能与氢气发生化学反应可以储氢，然后在一定条件下又可分解放出氢。例如，碳酸氢盐和甲酸盐之间相互转化的储氢技术，其化学式如下：

$$\text{HCO}_3{}^- + \text{H}_2 \underset{\text{放氢，70℃，0.1 MPa}}{\overset{\text{吸氢，35℃，2.0 MPa}}{\rightleftharpoons}} \text{HCO}_2{}^- + \text{H}_2\text{O}$$

特点：原料易得，储存方便，安全性好。但储氢量比较小，价格昂贵。

（3）有机液体氢化物储氢。

借助储氢载体（如苯和甲苯等）与 H_2 的可逆反应实现储氢。储氢载体苯和甲苯可循环使用，其储存和运输都很安全方便。因此，自 1975 年 Sultan 和 Shaw 首次提出利用有机液体氢化物作为储氢载体的储氢技术以来，这种储氢技术便受到瑞士、意大利、英国、加拿大等国家的重视。日本等国正考虑应用该种储氢技术作为海运储氢的有效方法。但是该技术也存在明显的不足，如催化加氢和催化脱氢装置投资费用较大，储氢技术操作比起其他方法要复杂得多等。

图 2.1 为不同储氢方式的体积比较。可以看到，相同质量的材料，氢化物所占体积比液态和气态储氢体积小得多。

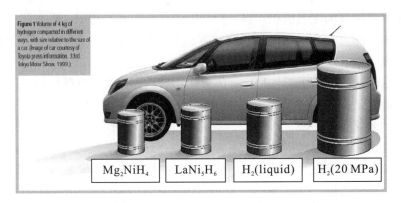

图 2.1　不同储氢方式的体积比较

2.2　储氢材料的介绍

通俗地讲，能以物理或化学方式保存氢气而使氢气改变状态的材料叫作储氢材料。简而言之，储氢材料是一种能够储存氢的材料。实际上，它必须是能在适当的温度、压力下大量可逆地吸收、释放氢的材料。其作用相当于储氢容器。

储氢材料的发现和应用研究始于 20 世纪 60 年代，1960 年发现镁（Mg）能形成 MgH_2，其吸氢量高达 $\omega(\text{H}) = 7.6\%$，但反应速度慢；1964 年，研制出 Mg_2Ni，其吸氢量为 $\omega(\text{H}) = 3.6\%$，能在室温下吸氢和放氢，250℃时放氢压力约 0.1 MPa，成为最早具有应用价值的储氢材料；同年在研究稀土化合物时发现了 LaNi_5 具有优异的吸氢特性；1974 年又发现了 TiFe 储氢材料。LaNi_5 和 TiFe 是目前性能最好的储氢材料。

储氢材料在室温和常压条件下能迅速吸氢并反应生成氢化物，使氢以金属氢化物的形式储存起来。在需要的时候，适当加温或减小压力能使这些储存着的氢释放出来，以供使用。

储氢材料中，氢密度极高。表 2.1 列出几种金属氢化物中储氢量及其他氢形态中氢密度值。

表 2.1　几种金属氢化物中储氢量及其他氢形态中氢密度值

氢的形态	氢密度 （$\times 10^{22}$ H 原子/cm^3）	储氢量 ω(H) （%）	氢的形态	氢密度 （$\times 10^{22}$ H 原子/cm^3）	储氢量 ω(H) （%）
标准状态的氢气	5.4×10^{-3}	100.00	ZrH_2	7.3	2.16
20 K 的液态氢	4.2	100.00	LaH_3	6.9	2.13
4 K 的固态氢	5.3	100.00	$LaNi_5H_6$	6.2	1.38
15℃水	6.7	11.19	$TiFeH_{1.95}$	5.7	1.86
MgH_2	6.6	7.66	Mg_2NiH_4	5.6	3.62
TiH_2	9.1	4.04	150 atm[①]、 47 L 氢气瓶	0.8	1.17 （相对氢气瓶质量）
VH_2	10.5	3.81			

从表 2.1 中可知，金属氢化物的氢密度与液态氢、固态氢的相当，约是氢气的 1000 倍。由此可见，利用金属氢化物储存氢从容积来看是极为有利的。另外，一般储氢材料中，氢分解压较低，所以用金属氢化物储氢时不必耐高压（25～30 MPa）的钢瓶。

从氢所占的质量分数来看，其仍比液态氢、固态氢低很多，尚需克服很大困难，尤其体现在对汽车工业的应用上。当今汽车工业给环境带来恶劣的影响，因此汽车工业一直期望用以氢为能源的燃料电池驱动的环境友好型汽车来替代。对于以氢为能源的燃料电池驱动汽车来说，不仅要求储氢系统的氢密度高，而且要求氢所占储氢系统的质量分数要高（估算须达到 ω(H) ＝6.5%）。

因此，高容量储氢系统是储氢材料研究中长期探求的目标。

综上所述，采用固态储氢的优势可归纳为：体积储氢容量高；无须高压及隔热容器；安全性好，无爆炸危险；可得到高纯氢，提高氢的附加值。

2.3　储氢材料储氢原理及条件

2.3.1　储氢材料储氢原理

1. 储氢合金化学和热力学原理

在一定温度和压力下，许多金属、合金和金属间化合物（Me）与气态 H_2 可逆反应生成金属固溶体 MH_x 和氢化物 MH_y。反应分三步进行，依次如下：

第一步：先吸收少量氢，形成含氢固溶体（α 相），此时合金结构保持不变，其固溶度 [H] 与固溶体平衡氢压的平方根成正比。

---

① atm 表示一个标准大气压，1 atm＝1.01×10^5 Pa。

$$\sqrt{P_{H_2}} \propto [H]$$

第二步：固溶体进一步与氢反应，产生相变，生成氢化物相（β 相）。

$$\frac{2}{Y-X}MH_x + H_2 \rightleftharpoons \frac{2}{Y-X}MH_y + Q$$

式中，X 是固溶体中的氢平衡浓度，Y 是合金氢化物中氢的浓度，一般 $Y > X$。

第三步，再提高氢压，金属中的氢含量略有增加。

金属与氢的反应是一个可逆过程。正向反应吸氢、放热，逆向反应释氢、吸热。改变温度和压力条件可使反应按正向、逆向反复进行，实现材料的吸释氢功能。根据 Gibbs 相律，温度一定时，反应有一定的平衡压力，储氢合金—氢气的相平衡图可由压力（P）—浓度（C）等温线，即 $P—C—T$ 曲线表示，如图 2.2 所示。

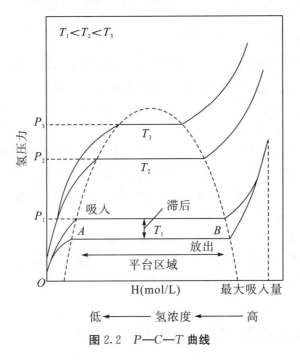

图 2.2 $P—C—T$ 曲线

在图 2.2 中，由 O 点开始，随着氢压的增加，氢溶于金属的数量使其组成变为 A。OA 段为吸氢过程的第一步，金属吸氢，形成含氢固溶体，我们把固溶氢的金属相称为 α 相。点 A 对应于氢在金属中的极限溶解度。达到 A 点时，α 相与氢反应，生成氢化物相 β 相。当继续加氢时，系统压力不变，而氢在恒压下被金属吸收。当所有 α 相都变为 β 相时，组成达到 B 点。AB 段为吸氢过程的第二步，此区体系为两相（$\alpha + \beta$）互溶体系，达到 B 点时，α 相最终消失，全部金属都变成金属氢化物。这段曲线呈平直状，故称为平台区（坪区或平高线区），相应的恒定平衡压力称为平台压（坪压、分解压或平衡压）。在全部组成变成 β 相组成后，如再提高氢压，则 β 相组成就会逐渐接近化学计量组成，氢化物中的氢仅有少量增加。B 点以后为第三步，氢化反应结束，氢压显著增加。P_1，P_2，P_3 分别代表 T_1，T_2，T_3 下的反应平衡压力。

整条曲线可以用 Gibbs 相律进行解释。设该体系的自由度为 F，组分为 C，相数为

P，则 $F=C-P+2$。该体系的组分为金属和氢，即 $C=2$，则 $F=4-P$。

图 2.2 中，在 OA 段，即氢的固溶区内，C 为金属和氢，为 2；P 为 α 相和气体氢，也为 2，所以 $F=2-2+2=2$。即使温度不变，压力也要发生变化。在平台区内，即 AB 段内，P 为 α 相、β 相和气体氢，为 3，所以 $F=2-3+2=1$，如温度不变，则压力也不随组成变化。在 B 点以后，P 为 β 相和气体氢，为 2，所以 $F=2$。压力随温度和组成变化。

$P—C—T$ 曲线是衡量储氢材料热力学性能的重要特性曲线。通过该图可以了解金属氢化物中能含多少氢（％）和任一温度下的分解压力值。$P—C—T$ 曲线的平台压力、平台宽度与倾斜度、平台起始浓度和滞后效应，既是常规鉴定储氢合金的吸放氢性能主要指标，又是探索新的储氢合金的依据。

金属氢化物在吸氢和放氢时，虽然在同一温度，但压力不同，这种现象称为滞后。作为储氢材料，滞后越小越好。

元素周期表中 I_A 族元素（碱金属）和 II_A 族元素（碱土金属）分别与氢形成 MH，MH_2 化学比例成分的金属氢化物。金属氢化物是白色或接近白色的粉末，是稳定的化合物，又称为盐状氢化物或离子键型氢化物，氢以 H^- 状态存在。但在形成金属氢化物的吸氢过程中生成热大，不适宜于氢的储存。

从 I_B 族到 VII_A 族的金属氢化物，因是共价键性很强的化合物，故称为共价键型氢化物，如 SiH_4，CuH，AsH_3 等。这些化合物多数是低沸点的挥发性化合物，不能作为储氢材料用。

从 III_B 族到 VIII 族的金属氢化物，称为金属键型氢化物，它们是黑色粉末。其中，III_B 族、IV_B 族元素形成的氢化物比较稳定（生成焓为负，数值大，平衡分解氢压低），如 LaH_3，TiH_2 氢化物。V_B 族元素也和气体氢直接发生反应，生成 VH_2，NbH_2 氢化物。在 1 atm 下，这些氢化物的温度在常温附近，它们是能够在常温下储存释放氢的材料。VI_B 族至 VIII 族的金属中，除 Pd 外，都不形成稳定的氢化物，氢以 H^+ 形成固溶体。

实验表明，单独使用一种金属形成的氢化物生成热较大，氢的分解压低，储氢不理想。

实用的储氢材料是由氢化物生成热为正的吸热性金属（Fe，Ni，Cu，Cr，Mo 等）和生成热为负的放热性金属（Ti，Zr，Ce，Ta，V 等）组成多元金属间化合物。

储氢合金材料都服从的经验法则是"储氢合金是氢的吸收元素（I_A 族至 IV_B 族金属）和氢的非吸收元素（IV_B 族至 VIII 族金属）所形成的合金"。如在 $LaNi_5$ 里 La 是前者，Ni 是后者；在 FeTi 里 Ti 是前者，Fe 是后者。也就是说，合金氢化物的性质介于其组元纯金属的氢化物的性质之间。但是，氢吸收元素和氢非吸收元素组成的合金不一定都具备储氢功能。例如在 Mg 和 Ni 的金属间化合物中，有 Mg_2Ni 和 $MgNi_2$。Mg_2Ni 可以和氢发生反应生成 Mg_2NiH_4 氢化物，而 $MgNi_2$ 在 100 atm 左右的压力下不和氢发生反应。

另外，作为 La 和 Ni 的金属间化合物，除 $LaNi_5$ 外，还有 LaNi，$LaNi_2$ 等。LaNi，$LaNi_2$ 也能和氢发生反应，但生成的 La 的氢化物非常稳定，不释放氢，反应的可逆性消失了。

因此，作为储氢材料的另一个重要条件是要存在与合金相的金属成分一样的氢化物相。例如 $LaNi_5H_6$ 相对于 $LaNi_5$，Mg_2NiH_4 相对于 Mg_2Ni 那样。

总之，金属（合金）氢化物能否作为能量储存、转换材料取决于氢在金属（合金）中吸收和释放的可逆反应是否可行。

2. 金属氢化物的能量储存与转换

金属氢化物可以作为能量储存、转换材料，其原理是金属吸留氢形成金属氢化物，然后对该金属氢化物加热，并把它放置在比其平衡压低的氢压力环境中，使其放出吸留的氢。其反应式如下：

$$\frac{2}{n}M(固) + H_2(气,p) \xrightleftharpoons[放氢,吸热]{吸氢,放热} \frac{2}{n}MH_n(固) + \Delta H$$

式中　M——金属；

　　　MH_n——金属氢化物；

　　　p——氢压力；

　　　ΔH——反应的焓变化。

反应进行的方向取决于温度和氢压力。

实际上，上式表示反应过程具有化学能（氢）、热能（反应热）、机械能（平衡氢气压力）的金属氢化物的储存和相互转换功能。

由上面的反应式可知，储氢材料最佳特性是在实际使用的温度、压力范围内，以实际使用的速度，可逆地完成氢的储存与释放。

实际使用的温度、压力范围是根据具体情况而确定的。一般是从常温到 400℃，从常压到 100 atm 左右，特别是以具有常温、常压附近的工作材料作为主要探讨的对象。

3. 合金的吸氢反应机理

合金的吸氢反应机理如图 2.3 所示。氢分子与合金接触时，就吸附于合金表面上，氢的 H-H 键解离，成为原子状的氢（H）。原子状的氢从合金表面向内部扩散，侵入比氢原子半径大得多的金属原子与金属的间隙中（晶格间位置）形成固溶体。溶于金属中的氢再向内部扩散（这种扩散必须有由化学吸附向溶解转换的活化能），固溶体一旦被氢饱和，过剩氢原子与固溶体反应生成氢化物，产生溶解热。

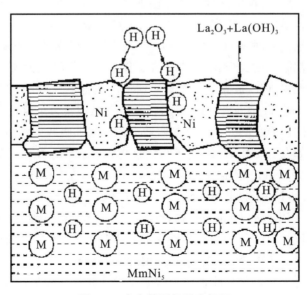

图 2.3　合金的吸氢反应机理

氢与金属或合金的反应是一个多相反应，由下列基础反应组成：H_2 传质；化学吸附氢的解离，$H_2 = 2H_{ad}$；表面迁移；吸附的氢转化为吸收氢，$H_{ad} = H_{abs}$；氢在 α 相的固溶体中扩散；α 相转变为 β 相，$H_{abs}(\alpha) = H_{abs}(\beta)$；氢在氢化物（$\beta$ 相）中扩散。

2.3.2 储氢材料应具备的条件

金属氢化物是一种多功能材料，根据不同用途有不同要求。一般作为储氢和蓄热用金属或合金氢化物应具备如下一些条件：

（1）容易活化，单位质量、单位体积吸氢量大（电化学容量高）。

（2）吸收和释放氢的速度快，氢扩散速度大，可逆性好。

（3）有较平坦和较宽的平衡平台压区，平衡分解压适中。作储氢用时，室温附近的分解压应为 0.2～0.3 MPa，作电池材料时为 10^{-4}～10^{-1} MPa。过高，吸氢时充压压力高，需要使用耐高压容器；过低，必须加热才能释放，消耗其他能源。

（4）吸收、分解过程中的平衡氢压差差距小，即滞后要小。

（5）氢化物生成焓，作储氢材料或电池材料时应该小，作蓄热材料时则应该大。

（6）寿命长，反复吸放氢后，合金粉碎量要小，而且衰减小，性能稳定，作电池材料时能耐碱液腐蚀。

（7）有效导热率大，传热性能好，电催化活性高。

（8）在空气中稳定，安全性能好，不易受 N_2，H_2S，O_2 以及水蒸气等气体毒害。

（9）价格低廉，不污染环境，容易制造。

每种金属氧化物都有各自的特性，可根据不同使用目的进行选择评价。

2.4 储氢材料的分类

自从 20 世纪 60 年代二元金属氢化物问世以来，世界各国从未停止过对新型储氢合金的研究与开发。为满足各种性能的要求，人们已在二元合金的基础上，开发出三元及三元以上的多元合金。但不论哪种合金，都离不开 AB 两类元素。其中，A 类元素是容易形成稳定氢化物的发热型金属，如 Ti，Zr，La，Mg，Ca，Mm（混合稀土金属）等；B 类元素是难以形成氢化物的吸热型金属，如 Ni，Fe，Co，Mn，Cu，Al 等。按照其原子比的不同，它们构成 AB_5 型、AB_2 型、AB 型、A_2B 型四种类型。从 AB_5 型到 A_2B 型，金属 A 的量增加，吸氢量也有增加的趋向，但反应速度减慢、反应温度增高、容易劣化等问题也随之增多。因此，为适应实际应用的要求，对合金 AB 两者的替代、合金的显微结构、表面改质、制取工艺等方面做了大量的研究与开发。下面介绍几种典型的储氢材料。

2.4.1 镁系合金

镁系储氢合金具有较高的理论储氢容量，达到 7.6%（质量分数），而且吸放氢平台好、资源丰富、价格低廉，应用前景十分广阔，被认为是最有前途的储氢合金材料，吸引了众多的科学家致力于开发新型镁系合金。但镁系储氢材料具有氢化－脱氢动力学特征差、吸放氢速率较慢、放氢温度过高、镁及其合金在碱液中的抗腐蚀性能差等缺点，使其实用化进程受到限制。

1960 年发现镁（Mg）能形成 MgH_2，其吸氢量高达 $\omega(H) = 7.6\%$。

MgH_2 缺点：稳定性强，释放温度高且速度慢，释氢困难。如 Mg 和 H_2 需在 300℃～400℃，2.4～40 MPa 才能反应；放氢时，需在 287℃，0.1 MPa 才能进行。

为了克服其脱氢温度高（>573 K）和动力学性能差的缺点，研究人员采用了纳米化、添加催化剂、制备纳米复合材料、表面改性和合金化等多种手段，这些方法对改善镁的动力学性能效果显著，但 MgH_2 的脱氢温度一直受到高形成焓（-74 kJ/mol·H_2）的限制。通过调整储氢合金的成分和结构，合金化有可能降低 MgH_2 的形成焓和改善其动力学性能。

新开发的镁系吸氢合金 $Mg_2Ni_{1-x}M_x$（M=V，Cr，Mn，Fe，Co）和 $Mg_{2-x}M_xNi$（M=Al，Ca）比 MgH_2 的性能好。

目前的研究重点主要包括以下几个方面。

（1）元素取代：通过元素取代来降低其分解温度，并同时保持较高的吸氢量。

元素取代主要是对 Mg 与 Ni 形成的合金体系中的 2 种金属间化合物 Mg_2Ni 和 $MgNi_2$ 组元的取代。一般采用 I_A 族至 V_B 族放热型金属元素（如 Ti，V，Ca，Zr，Re 和 Al 等）部分取代 Mg_2Ni 中的 Mg，用 VI_B 族至 VII_B 族吸热型金属元素（如 Fe，Cr，Co，Zn，Cu，Pd 等）来部分取代 B 侧元素 Ni。但取代元素一般使合金容量不同程度地降低，这是由于加入取代元素后，吸氢元素所占的比例进一步减小，从而导致容量降低。

（2）与其他合金组成复配体系，以改善其吸放氢动力学和热力学性质。

复合方法常用来解决 Mg 基储氢合金吸放氢动力学性能差的缺点。朱敏等将真空感应熔炼制备的 $MmNi_5$ 与纯度为 99.8% 的 Mg 粉进行高能球磨，制得纳米多相的复合结构，将熔炼的 $MmNi_5$ 与球磨制备的 $MmNi_5/Mg$ 纳米复合合金进行吸氢对比试验，发现形成纳米相复合结构对合金储氢性能有很大的改善。陈萍等将 $Mg(NH_2)_2$ 和 MgH_2 以摩尔比 1：2 结合，得到 M－N－H 复合体系，产物为固体 Mg_3N_2，储氢量可达 7.4%，但是反应温度过高，动力学性能仍较差。最近，陈萍等对 Li－Mg－N－H 体系进行了研究，将 $LiBH_4$ 引入到该体系中，成功地降低了吸/放氢温度，在140℃，吸氢量达到5%，并在 100℃ 实现放氢过程。他们认为，N－H 键能的减弱是该体系储氢性能提高的原因。

（3）表面处理：采用有机溶剂、酸或碱来处理合金表面，使之具有高的催化活性及抗腐蚀性，加快吸、放氢速度（清除合金表面开始形成的 MgO 和 $Mg(OH)_2$ 层）。因为镁及其合金表面通常被氧化物和氢氧化物所覆盖，从而严重影响了其吸、放氢特性。镁系合金的活化很难，需高温高压下十几个周期以后才能充分活化。为了解决这个问题，人们对 Mg 系合金表面处理进行了大量的研究，发展了多种表面处理方法。表面处理是近年来兴起的一种有效的镁及其合金的表面处理方法。Suda S 等于 1991 年初提出了用含 HF^{2-} 和 F^- 的水溶液来处理镁及其合金。

（4）新的合成方法：探索传统冶金法以外的新合成方法，如熔炼法、粉末烧结法、扩散法、机械合金化法和氢化燃烧合成法等。

（5）纳米化处理：纳米尺度的储氢材料具有新的优良性能，其活化性能明显提高，具有更高的氢扩散系数，并具有优良的吸放氢动力学性能。Liang 等用机械合金化法制备出 MgH_2-V，合金晶粒尺寸为 10～20 nm，在 200℃，1.0 MPa 氢压下，100 s 吸氢量达 5.5%（质量分数，下同），在 250℃，0.015 MPa 下，在 900 s 内放氢量达 5.3%。值得注意的是，MgH_2-V 在充放氢循环 200 次后，放氢量没有下降，反而有所增加。陈军等发现 Mg 纳米线的吸放氢速率随着直径的减小而大大提高，放氢的活化能下降到 38.8 kJ/mol。在 Mg 系储氢材料中添加纳米碳管，可有效地提高其储氢性能，给研究者们提供了新的研究思路。

镁系吸氢合金的潜在应用在于可有效利用 250℃～400℃ 的工业废热，作为提供氢化物分解所需的热量。

目前，Mg_2Ni 系合金在二次电池负极方面的应用已成为一个重要的研究方向。

2.4.2　稀土系合金

人们很早就发现，稀土金属与氢气反应生成稀土氢化物 ReH_2，这种氢化物加热到 1000℃ 以上才会分解。而在稀土金属中加入某些第二种金属形成合金后，在较低温度下也可吸放氢气，通常将这种合金称为稀土储氢合金。

在已开发的一系列储氢材料中，稀土系储氢材料性能最佳，应用也最为广泛。稀土系储氢材料的应用领域已扩大到能源、化工、电子、航空航天、军事及民用等方面。例如，用于化学蓄热和化学热泵的稀土储氢合金可以将工厂的废热等低质热能回收、升温，从而开辟出了人类有效利用各种能源的新途径。

典型的储氢合金 $LaNi_5$ 是 1969 年荷兰菲利浦公司发现的，从而引发了人们对稀土系储氢材料的研究。

以 $LaNi_5$ 为代表的稀土储氢合金被认为是所有储氢合金中应用性能最好的一类。

优点：初期氢化容易，反应速度快，吸放氢性能优良；20℃ 时氢分解压仅几个大气压；不易"中毒"。不足之处在于镧价格高，循环退化严重，易粉化。

采用混合稀土（La，Ce，Sm）Mm 替代 La 可有效降低成本，但氢分解压升高，给使用带来困难。

采用第三组分元素 M（Al，Cu，Fe，Mn，Ga，In，Sn，B，Pt，Pd，Co，Cr，Ag，Ir）取代部分 Ni 是改善 $LaNi_5$ 和 $MmNi_5$ 储氢性能的重要方法。

2.4.3　钛系合金

Ti—Ni 系：TiNi，易粉碎，容量小，循环寿命低，主要有 Ti_2Ni，$TiNi-Ti_2Ni$，$Ti_{1-y}Zr_yNi_x$，$TiNi-Zr_7Ni_{10}$，TiNiMm 等种类。

Ti—Fe 系：TiFe 合金价廉，储氢量大，室温氢分解压只有几个大气压，很符合使用要求。但是活化困难，易中毒。一般通过添加 Al，Ni，V，Mn，Co，Zr 等改善其性能。

Ti-Mn：粉化严重，中毒再生性差。添加少量其他元素（Zr，Co，Cr，V）可进一步改善其性能。其中，$TiMn_{1.5}Si_{0.1}$，$Ti_{0.9}Zr_{0.2}Mn_{1.4}Cr_{0.4}$ 具有很好的储氢性能。

另外，四、五元合金也是发展的方向。

2.4.4 锆系合金

锆系合金具有吸氢量高、反应速度快、易活化等优点。但是，氢化物生成热大，吸放氢平台压力低，价贵，这些缺点限制了它的应用。

AB_2（ZrV_2，$ZrCr_2$，$ZrMn_2$）储氢量比 AB_5 型合金大，平衡分解压低。其中 Zr（Mn，Ti，Fe）$_2$ 和 Zr（Mn，Co，Al）$_2$ 合金适合于作热泵材料。

$Ti_{17}Zr_{16}Ni_{39}V_{22}Cr_7$ 已成功用于镍氢电池，有宽广的元素替代容限，可设计不同的合金成分用来满足高容量、高放电率、长寿命、低成本等不同的要求。

2.5 储氢材料的应用

储氢材料作为一种新型能源材料，是一种高密度储能材料，广泛应用于氢的储存、运输，氢气的分离、净化以及合成化学的催化加氢与脱氢，还可以应用在镍氢电池、氢能源汽车等方面。此外，金属氢化物压缩机用于海水的淡化，金属氢化物热泵、空调与制冷，氢化物热压传感器和传动装置等，用途都十分广泛，有的已形成产业，有的应用领域正在不断拓展。下面举几例进行介绍。

2.5.1 用于氢气的储存与运输

氢储存是储氢材料最基本的应用。由前所述，金属氢化物储氢密度相对较高，其原子密度比相同温度、压力条件下的气态氢大 1000 倍。如采用 $TiMn_{1.5}$ 制成的储氢容器与高压（15 MPa）钢瓶和深冷液化储氢装置相比，在储氢量相等的情况下，三者的质量比为 1∶1.4∶0.2，体积比为 1∶4∶1.3，质量轻，体积小，而且储氢合金无须高压和液态氢的低温设施，节省能源。同时，氢以原子态储存于合金中，当它们重新放出来时，经过扩散、相变、化合等过程，受到热效应与速度的制约，不易爆炸，安全程度高。因此，利用氢化物储氢已引起世人的高度重视。

金属氢化物装置是一种金属-氢系统反应器。由于存在氢化反应的热效应，储氢装置一般为热交换结构，有固定式和移动式两种类型。移动式储氢装置主要用于大规模储存和输送氢气以及车辆氢燃料箱等供氢场合。美国 Billings 能源公司已成功制成 AHT-5TiFe 氢化物储氢瓶，单位质量的储氢量为 1.24%，与高压瓶（15~20 MPa）单位储氢量 1.15% 相近，单位体积的储氢量为 48.9 g/L，是高压瓶（15~20 MPa）的

2.7 倍。

2.5.2　用于氢的分离、提纯和净化

化学工业、石油炼制、化学制药和冶金工业等均有大量含氢尾气，若不加以回收利用，将造成巨大浪费，也会对环境造成恶劣影响。

利用储氢材料选择性吸氢的特性不但可以回收废气中的氢，还可使氢纯度达 99.9999% 以上，价格便宜、安全，具有十分重要的社会效益和经济意义。以合成氨工业为例，全国每年放空浪费的氢气达 10 多亿立方米。

利用储氢材料分离净化氢的原理包含两方面：一是金属与氢反应生成金属氢化物，加热后放氢的可逆反应；二是储氢材料对氢原子有特殊的亲和力，对氢有选择性吸收作用，而对其他气体杂质则有排斥作用。因此，可利用合金的这一特性有效分离净化氢。方法是当含有氢的混合气体（氢分压高于金属氢化物－氢系平衡恒压）流过装有储氢合金的分离床时，氢被储氢合金吸收，形成金属氢化物，以杂质形式排出。然后改变金属氢化物的温度和压力，使其释放氢加以利用。典型例子是美国空气产品与化学制品公司与 MPD 技术公司联合开发并在新奥尔良合成氨厂投产的三塔装置，用于回收合成氨废气中的氢，并把回收的氢返回合成塔以增产氨，氢回收率为 75%～95%，氢气纯度达 98.9%。

作为净化氢气用的合金要求与储氢用合金一样，需要储氢量大、易活化、反应迅速、耐毒化、抗粉化、成本低等。目前常用的合金有：$LaNi_5$，$LaCu_4Ni$，$MmNi_{4.5}Al_{0.5}$，$TiFe_{0.85}Mm_{0.15}$，$LaNi_{4.7}Al_{0.3}$，$TiFe_{0.85}Ni_{0.15}$，Mg_2Ni，$TiMm_{1.5}$，$CaNi_5$，$MmNi_5$。

2.5.3　用于储氢合金的电极材料

20 世纪 70 年代初，Justi 等发现 TiNi 和 LaNi 系合金不仅有阴极储氢能力，而且对氢的阳极氧化也有催化作用，但由于材料本身性能方面的原因，并未实用化。随着低成本 $MmNi_5$ 合金的出现，又通过优化其组成、不同的处理工艺等使合金的抗粉化性、平衡氢压抗碱腐蚀性都得以控制，金属氢化物的电化学应用也就开始了。1990 年，Ni－MH 电池首先由日本商业化。这种电池具有高的能量密度，约为 Ni－Gd 电池的 1.5～2 倍，不污染环境，充放电速度快，记忆效应少，耐过充，无重金属镉对人体的危害，被誉为"绿色电池"，从而使 Ni－MH 电池发展更加迅猛。

Ni－MH 电池的充放电机理非常简单，仅仅是氢在金属氢化物（MH）电极和氢氧化镍电极之间在碱性电解液中的运动，如图 2.4 所示。Ni－MH 电池以金属氧化物为负极活性材料，以 $Ni(OH)_2$ 为正极活性材料，以氢氧化钾水溶液为电解液。充电时由于水的电化学反应生成的氢原子（H）立刻扩散进入到合金中，形成了氢化物，实现负极储氢，而放电时氢化物分解出的氢原子又在合金表面氧化为水，不存在气体状的氢分子（H_2）。电池反应的最大特点是无论是正极还是负极，都是在氢原子进入到固体内进行的反应，不存在传统 Ni－Gd 和 Pb 酸电池所共有的溶解、析出反应的问题。从图 2.4 所

示的总反应中可以看出，在 Ni－MH 电池反应中，从表面上来看只是氢原子在正负极之间移动。吸氢合金本身并不作为活性物质进行反应。

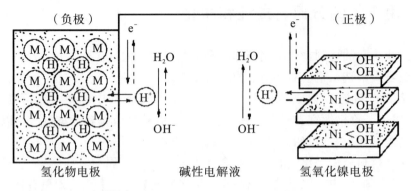

（正极）$Ni(OH)_2+OH^- \rightleftharpoons NiOOH+H_2O+e^-$
（负极）$M+H_2O+e^- \rightleftharpoons MH_x+OH^-$
（总反应）$Ni(OH)_2+M \rightleftharpoons NiOOH+MH_x$

图 2.4　Ni－MH 电池的反应机理

目前在大规模电池生产中，负极主要采用稀土类 AB_5 型（中国、日本、德国及法国等），美国和日本个别厂家采用 AB_2 型储氢合金。

正极是由球形 $(Ni，Zn，Co)(OH)_2$ 粉构成的，将这些粉充填在泡沫 Ni 或纤维 Ni 网基板上。$(Ni，Zn，Co)(OH)_2$ 表面包覆 CoOOH 层作为良导体。为改善高温（60℃）充电性能，加入 CaF_2，$Ca(OH)_2$，Y_2O_3，Yb_2O_3 等添加物。

决定氢化物电极性能的最主要因素是储氢材料本身。作为氢化物电极的储氢合金，必须满足如下基本要求：①可逆性吸氢、放氢量大；②合适的室温平台压力；③在碱性电解质溶液中具有良好的化学稳定性，电极寿命长；④良好的电催化活性和抗阳极氧化的能力；⑤良好的电极反应动力学特性。

利用金属氢化物作电极，结合固体聚合物电解质，可以研制新型高效燃料电池，用于大型电站和储电站的建设，即电网低峰时用多余电能电解水制氢，高峰用电时则通过燃料电池产电以满足用户需要。

2.5.4　用于蓄热与输热技术

1. 化学蓄热装置

金属氢化物在高于平衡分解压力的氢压下，金属与氢的反应在生成氢化物的同时，要放出相当于生成热的热量 Q，如果向该反应提供相当于 Q 的热能，使其进行分解反应，则氢就会在相当于平衡分解压力的压力下释放出来。这一过程相当于热—化学（氢）能变换，称为化学蓄热。这些能量变换过程就是利用了储氢材料的吸收与释放氢的化学反应过程。利用这种特性，可以制成蓄热装置，储存工业废热、地热、太阳能热等热能。即将这类能源通过储氢合金转换成化学能并储存起来，在需要时提供稳定的热能。

作为化学蓄热的储氢材料应具备以下条件：

(1) 反应速度快。

(2) 单位质量或单位体积的蓄热量大。

(3) 可逆性好。

(4) 反应物和生成物无毒性、腐蚀性和可燃性。

(5) 价格低廉。

(6) 工作温度范围大（-20℃~1000℃）。

(7) 热源温度下的平衡分解压力应为 0.11 MPa 至几十兆帕。

蓄热系统要使用两种金属氢化物：一是蓄热介质用金属氢化物，二是储氢介质用金属氢化物。两种金属氢化物的平衡特性应该不同。氢气由前者流向后者时蓄热；反方向流动时放热。用金属氢化物蓄热应选择与各种废热温度相适应的金属氢化物。

应用氢化物蓄热系统在有效利用自然能和作为节能措施的废热有效回收技术方面是很有前途的，目前关键的问题是要有储氢量大、价格低、寿命长、适于蓄热温度条件的合金，以及高性能热交换反应器等。

2. 金属氢化物热泵空调系统

新型金属氢化物热泵空调系统也被认为是最有前景的替代产品之一。它具有以下优点：

(1) 可利用废热、太阳能等低品位的热源驱动热泵工作，是唯一出热驱动、无运动部件的热泵。

(2) 系统通过气固相作用，因而无腐蚀，由于无运动部件，因而无磨损，无噪声。

(3) 系统工作范围大，且工作温度可调，不存在氟里昂对大气臭氧层的破坏作用。

(4) 可达到夏季制冷、冬季供暖的双效目的。

氢化物热泵是以氢气作为工作介质，以储氢合金作为能量转换材料。由相同温度下分解压不同的两种储氢合金组成热力学循环系统，利用它们的平衡压差来驱动氢气流动，使两种氢化物分别处于吸氢（放热）和放氢（吸热）状态，从而达到升温增热或制冷的目的。已开发的氢化物热泵按其功能分为升温型、增热型和制冷型三种。按系统使用的氢化物种类可分为单氢化物热泵、双氢化物热泵和多氢化物热泵三种。

氢化物热泵所用储氢合金材料主要有 AB_5 型合金，以 $LaNi_5$，$MmNi_5$ 为典型代表，用 Zr，Mn，Fe，Cr，Al，Cu 等元素部分取代 Ni，调整平台压力，改善氢化物的 ΔH 值，还有抑制合金粉化的作用；AB_2 型合金，以 Mg_2Zn 型结构的 $ZrMn_2$，$ZrCr_2$ 系多元合金最具应用前景；AB 型合金，主要是 TiFe 及其合金化产物。

2.5.5　用于金属氢化物氢压缩机

金属氢化物氢压缩机是在热能—机械能转换中的应用。利用金属氢化物吸放氢过程中温度和压力的变化实现能量转换。

金属氢化物平衡分解压力随温度变化而差别很大。利用低温热源和高温热源改变氢化物的温度，并将产生的压力变化传给活塞，就可使吸收的热能变为机械能后输出，制造出各种压力传动机械；或者制出高压氢，直接装入钢瓶；制成传感器通过压力来测温等。可见，金属氢化物的热能—机械能转换功能是十分有用的，特别是对利用低品位热源有着重要的意义。

利用金属氢化物可制成金属氢化物氢压缩机。氢是重要的工业原料，也是未来的新能源，不同应用领域采用不同纯度和压力的氢源，但多数场合均采用压缩氢。传统的压缩方法是采用往复式机械压缩机，不但能耗高，而且有磨损、振动大、噪声高等缺点。另外，由于润滑剂的污染和密封垫衬的泄漏，很难制取高纯氢。

利用金属氢化物进行氢的压缩是一种化学热压缩，其优点是：运转安静，无振动；无驱动部件，易维修；器件体积小、质量轻，其质量和体积可减至机械压缩机的 1/5；释放氢的纯度高，氢气里无油、水和空气；可以利用废热，耗电量少，运输费用低；多段压缩可产生高压。唯一的缺点是氢流量受合金吸收、释放氢的循环速度限制。

2.5.6　在其他方面的应用

1. 金属氢化物氢同位素分离

核工业中常常大量应用重水作原子裂变反应堆的冷却剂和中子减速剂，氚则是核聚变反应的主要核燃料。同时由于氚具有放射性，回收核裂变反应废物的氚，以减少氚释放进入大气环境至关重要。因此，氢同位素分离在核工业中具有重要意义。

一般金属氢化物都表现出氢的同位素效应。金属或合金吸附氕、氘、氚的平衡压力和吸附量上存在差异，在合金中的扩散速度以及吸收速度方面也存在着差异，前者称为热力学同位素效应，后者称为动力学同位素效应。人们可以利用这些差异特性分离氕（H_2）与氘（D_2）。

2. 金属氢化物作催化剂

目前文献中报道的储氢材料作为催化剂的应用主要有：烯烃、有机化合物的氢化反应；一氧化碳、二氧化碳的氢化反应（碳化氢与乙醇合成）；氨合成；乙醇、碳化氢的脱氢反应；氢化分解反应；结构异性化反应等。这些催化剂反应分别利用吸氢合金的不同特征和功能。

有关用储氢合金作为催化剂的催化原理，目前尚未建立起成熟的理论。但大量研究结果表明，未经预处理的储氢合金，没有活性或具有较低的活性，只有经过适当预处理改变表面活性中心的电子状态，增加活性中心数目，才能显示出高的活性。

目前，有人研究过用于催化反应的储氢合金。其中一些合金对氨合成具有较高的催化活性。典型的催化合金有 $LaNi_5$，$PrCo_5$，$CeCo_5$，$ThFe$，$DyFe_3$，$HoFe_3$，$GdNi_7$、$ErNi_5$，$ErFe_{17}$，$CeCo_2$，$CeNi$，$CeAl_2$。此外，$LaNi_5$ 中的部分 Ni 被 Mn，Fe，Co，Cu 取代后的合金，如 $LaNi_4M$（M＝Mn，Fe，Co，Cu）合金，经在一定温度、一定氢压下反复吸放氢几次后，都具有明显的催化性能。

3. 储能发电

用电一般存在高峰期和低峰期，往往是高峰期电量不够，而低峰期过剩。为了解决低峰期电力过剩的存储问题，过去主要采用建造扬水电站、压缩空气储能、大型蓄电池组储能的方法。储氢材料的发展为储存电能提供了新的方向。利用夜间多余的电能供电解水厂生产氢气，然后把氢气储存在储氧材料组成的大型储氢装置内。白天用电高峰时使储存的氢气释放出来，或供燃料电池直接发电，或将氢气作燃料生产水蒸气，驱动蒸气和备用发电机组发电。

总之，金属氢化物储氢的应用远不止这些方面。随着储氢合金新材料新品种的研究开发和性能的不断改进，其应用领域必将进一步扩大。

2.6　结束语

氢能作为最清洁的可再生能源，近 10 多年来受到发达国家的高度重视，近年来中国也投入巨资进行了相关技术开发研究。

氢能汽车在发达国家已示范运行，中国也正积极开发。氢能汽车商业化的障碍是成本高，高在氢气的储存。液态氢和高压氢气不能使氢能汽车商业化。

大多数储氢合金自重大，寿命也是个问题；自重低的镁系合金很难常温储放氢，氢化物的可逆储放氢等需进一步开发研究；碳材料吸附储氢受到重视，但基础研究不够，能否实用化还是个问号。

氢能之路是前途光明，道路曲折的！

参考文献

[1] 刘君芳. Mg-N-H 储氢材料的制备研究 [D]. 武汉：武汉理工大学，2007.

[2] 胡子龙. 储氢材料 [M]. 北京：化学工业出版社，2002.

[3] 陈军. 新能源材料 [M]. 北京：化学工业出版社，2003.

[4] 王正品. 金属功能材料 [M]. 北京：化学工业出版社，2004.

[5] 贡长生，张克立. 新型功能材料 [M]. 北京：化学工业出版社，2001.

[6] 殷景华，王雅珍，鞠刚. 功能材料概论 [M]. 哈尔滨：哈尔滨工业大学出版社，1999.

[7] 大角泰章. 金属氢化物的性质与应用 [M]. 吴永宽，苗艳秋，译. 北京：化学工业出版社，1990.

[8] 隋然，白松，龚剑. 氢气储存方法的现状及发展 [J]. 舰船防化，2009 (3)：52-56.

[9] 童燕青，欧阳柳章. 镁基储氢合金的最新研究进展 [J]. 金属功能材料，2009，16 (5)：38-41.

[10] 曾小勤，丁文江，应燕君，等. 镁基能源材料研究进展 [J]. 中国材料进展，2011，30 (2)：35-43.

[11] Zhu M，Zhu W H，Gao Y，et al. The effect of Mg content on microstructure and hydrogen absorption properties of mechanical alloyed MmNi$_{3.5}$(CoAlMn)$_{1.5}$-Mg [J]. Materials Science and Engineering A，2000，286 (1)：130-131.

[12] Hu J J，Wu G T，Liu Y F，et al. Hydrogen release from Mg(NH$_2$)$_2$-MgH$_2$ through mechanochemical reaction [J]. The Journal of Physical Chemistry B，2006，110 (30)：14688-14692.

［13］ Hu J J，Liu Y F，Wu G T，et al. Improvement of Hydrogen Storage Properties of the Li—Mg—N—H System by Addition of LiBH$_4$ ［J］. Chemistry of Materials，2008，20 (13)：4398—4402.

［14］ Liang G，Hout J，Bofly S，et al. Hydrogen desorption kinetics of a mechanically milled MgH$_2$ + 5％ V nanocomposite ［J］. Journal of Alloys and Compounds，2000，305 (1—2)：239—245.

［15］ Li W Y，Li C S，Ma H，et al. Magnesium nanowires：enhanced kinetics for hydrogen absorption and desorption ［J］. Journal of the American Chemical Society，2007，129 (21)：6710—6711.

［16］ 应燕君，曾小勤，常建卫，等. 镁基储氢材料催化的研究进展 ［J］. 材料导报，2011，25 (5)：134—138.

第 3 章　磁性材料

磁性材料，是功能材料的重要分支，是古老的、用途十分广泛的功能材料。磁性材料是指利用材料的磁性能和磁效应实现对能量及信息转换、存储或改变能量状态等功能作用的材料，广泛地应用于能源、电信、自动控制、通信、家用电器、生物、医疗卫生、轻工、选矿、物理探矿、军工等领域，尤其在信息技术领域已成为不可缺少的组成部分。可以说，磁性材料与信息化、自动化、机电一体化、国防、国民经济的方方面面都紧密相关。

3.1　磁性的基本知识

3.1.1　物质的磁性

所有的物质都有磁性，但磁性的强弱有很大区别，一般在外磁场的作用下都能够或多或少地被磁化。所谓磁化，就是物质在磁场中由于受磁场的作用而表现出一定的磁性的现象，通常把能磁化的物质称为磁介质。实际上包括空气在内的所有物质都能被磁化，因而都是磁介质。

3.1.2　磁性的来源

1. 早期观点

（1）安培分子电流。

在磁介质中，分子、原子存在着一种电流——分子电流，它使每个物质微粒都成为微小的磁体；在没有被磁化时，分子电流杂乱无章地排列，不显磁性；加入磁场后，分子电流沿磁场方向规则排列，显磁性。

（2）磁荷。

磁介质的最小单元是磁偶极子（电子及原子核）。介质没有被磁化时，磁偶极子的取向无规律，不显磁性；处于磁场中时，产生一个力矩，磁偶极矩转向磁场的方向，各磁偶极子在一定程度上沿着磁场的方向排列，显示磁性。

2. 现代观点

物质的磁性来源于组成物质中原子的磁性。

（1）带电的粒子漂移或运动产生磁场。

（2）电子的自旋。

（3）电子的轨道运动：核外电子的运动相当于一个闭合电流，具有一定的轨道磁矩。

（4）原子核的磁矩。

材料的磁性主要来源于电子的轨道磁矩和自旋磁矩。原子核的磁矩很小，只有电子的几千分之一，通常可以略去不计。

3.1.3　磁学的基本参量

1. 磁矩

任何一个封闭的电流都具有磁矩 m，其大小为电流与封闭环型的面积的乘积。在均匀磁场中，磁矩受到磁场作用的力矩 J 为：$J = m \times B$。J 为矢量积，B 为磁感应强度。

磁矩是表征磁性物体磁性大小的物理量，磁矩越大，磁性越强，即物体在磁场中受的力越大。宏观磁体由许多具有固有磁矩的原子组成。当原子磁矩同向平行排列时，宏观磁体对外显示的磁性最强；当原子磁矩不规则排列时，宏观磁体对外不显示磁性。

2. 磁化强度和磁场强度

磁化强度（M，A/m 或 Gs）是衡量物质有无磁性或磁性大小的物理量，为物质单位体积中的磁矩大小。磁化强度代表磁介质单位体积内所有分子（或原子）的磁矩之矢量和。

磁场强度（H，A/m 或 Gs）代表外界磁场的大小，它也是一个矢量。

3. 磁化率 χ 及磁导率 μ

磁化强度和磁场强度之比 $\chi = M/H$，表征了物质磁性的大小，该值称为磁化率。当 $\chi < 0$ 时，M 与 H 反向，是逆磁性物质；当 $\chi > 0$ 时，M 与 H 同向，是顺磁性物质。

任何物质在外磁场作用下，除了外磁场 H 外，由于物质内部原子磁矩的有序排列，还要产生一个附加的磁场，其磁化强度为 M。在物质内部外磁场磁场强度和附加磁场磁化强度的总和称为磁感应强度 B，其定义公式为：

$$B = \mu_0 (H + M)$$

式中，B 的单位为 T 或者 Wb/m^2；μ_0 是真空磁导率。在国际单位制中，$\mu_0 = 4\pi \times 10^{-7}$ H/m。在真空中（$M = 0$），当磁场强度 H 为（$10^7/4\pi$）A/m 时，相应的磁感应强度就是 1 T。

在国际单位制中，磁导率 μ 的定义公式为：

$$\mu = \frac{B}{\mu_0 H}$$

其中磁导率代表了磁性材料被磁化的容易程度。

4. 磁滞回线

将一未经磁化或退磁状态的铁磁体放入外磁场 H 中，其磁体内部的磁感应强度 B 随外磁场 H 的变化是非线性的。如果外磁场是交变磁场，则与电滞回线类似，可得磁滞回线，如图 3.1 所示。可以发现，当 H 减少为零时，B 并未回到零值，出现剩磁 B_r。B_r 称为剩余磁感应强度，B_s 称为最大磁感应强度（饱和磁感应强度）。

磁感应强度滞后于磁场强度变化的性质称为磁滞性。要使剩磁消失，通常需进行反向磁化。将 $B=0$ 时的 H 值称为矫顽磁力 H_c。

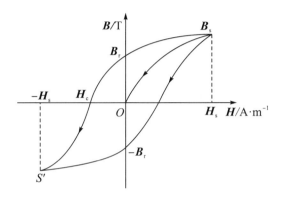

图 3.1　磁性物质的磁滞回线

5. 居里温度

对于所有的磁性材料来说，并不是在任何温度下都具有磁性。一般地，磁性材料具有一个临界温度 T_c，称为居里温度。在这个温度以上，由于高温下原子的剧烈热运动，原子磁矩的排列是混乱无序的。在此温度以下，原子磁矩排列整齐，产生自发磁化，物体变成磁性材料。

日常使用的电饭锅就利用了磁性材料的居里温度的特性。在电饭锅底部的中央装了一块磁铁和一块居里温度为 105℃的磁性材料。当锅里的水分干了以后，食品的温度将从 100℃上升，当温度到达大约 105℃时，由于被磁铁吸住的磁性材料的磁性消失，磁铁对它失去了吸力，这时磁铁和磁性材料之间的弹簧就会把它们分开，同时带动电源开关断开，即停止加热。

6. 磁致伸缩

磁性材料磁化过程中发生沿磁化方向伸长（或缩短）的现象，叫作磁致伸缩。它是一种可逆的弹性变形。材料磁致伸缩的相对大小用磁致伸缩系数 λ 表示，即：

$$\lambda = \Delta L / L$$

式中，ΔL 和 L 分别表示磁场方向的绝对伸长与原长。当磁场强度足够高，磁致伸缩趋于稳定时，磁致伸缩系数 λ 称为饱和磁致伸缩系数，用 λ_s 表示。

通常称因磁致伸缩现象而产生的形变能为磁弹性能。磁致伸缩会激励磁棒产生机械振动，可应用在电声技术领域。

通常温度升高，磁致伸缩的绝对值减小，并在居里点处变为零。

3.1.4　磁性的分类

根据磁化率 χ_m 的大小及其变化规律，可以把各种物质的磁性分为铁磁性、亚铁磁性、顺磁性、逆磁性和反铁磁性五类，如图 3.2 所示。

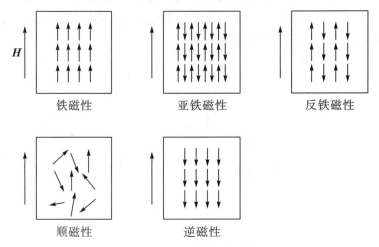

图 3.2　各种物质磁性分类

1. 铁磁性物质

铁磁性物质具有极高的磁化率，可达 10^4 数量级，磁化易达到饱和的物质，如 Fe、Co、Ni、稀土等金属及其合金称为铁磁性物质。

铁磁性的物理本质：铁磁性物质在无外磁场存在时，元磁体也会定向排列，呈现饱和磁化状态，叫作"自发磁化"。但这并不是整体的饱和磁化，而是分成很多的小区域（磁畴），其在每个小区域内是饱和磁化的，而各个区域是杂乱取向的。材料在未加外磁场时不显磁性，加磁场后只改变磁畴的大小和取向。

铁磁性的特点：铁磁材料只有在铁磁居里温度以下，才具有铁磁性，若高于居里温度，会转变为顺磁性。因为温度升高促使原子磁矩定向排列的相互作用力受晶体热运动的干扰，使其内部原子磁矩定向排列破坏，铁磁性消失。

2. 亚铁磁性物质

亚铁磁性物质的磁化率 χ_m 在 $10^{-2} \sim 10^6$ 之间，亚铁磁性弱于铁磁性。亚铁磁性物质相邻原子的磁矩反向平行，但彼此的强度不相等，具有高的磁化率和居里温度。它和铁磁性物质相似，具有自发磁化基础上的较强磁场和磁滞现象等磁化特征。

亚铁磁性物质也是一类重要的材料。尖晶石型晶体、石榴石型晶体等几种结构类型的铁氧体，稀土钴金属之间的化合物和一些过渡族金属、非金属化合物都属于亚铁磁性物质。亚铁磁性物质是一些复杂的金属化合物，比铁磁性物质更常见。

3. 反铁磁性物质

反铁磁性物质的磁化率 χ_m 在 $10^{-5} \sim 10^{-3}$ 之间，其相邻原子的磁矩反向平行，而且彼此的强度几乎相等，两个方向的磁矩互相抵消，总磁矩接近零，没有磁性或弱磁性。

反铁磁性物质最显著的特点是其磁化率在临界温度（称为奈尔温度）时出现极大值。当温度 T 大于奈尔温度时，这类物质就呈顺磁性。反铁磁性物质与铁磁性物质相反，具有净磁矩的离子之间的磁矩是反向平行排列的。反铁磁性正是由原子或者离子磁矩反向平行排列所造成的。相近邻的磁矩的反向平行排列，使整个晶体中磁矩自发地有规则排列，两种相反方向的磁矩相互抵消，结果使总的磁矩为零。

属于反铁磁性物质的主要有：部分金属，如 Mn，Cr；部分铁氧体，如 $ZnFe_2O_4$；某些化合物，如 FeF_2，NiO，MnO 等。

4. 顺磁性物质

顺磁性物质呈顺磁性，其特征是组成这些物质的原子具有恒定的与外磁场无关的磁矩。在无外加磁场（即 $H=0$）时，由于热运动的扰乱作用，这些恒定的原子磁矩没有特定的取向。只有引入和加大磁场时，磁化强度才开始产生并逐渐增长。其磁化率 $\chi_m > 0$，一般在 $10^{-3} \sim 10^5$ 之间，M 与 H 方向相同。

顺磁性物质的原子或分子都具有未填满的电子壳层，所以有电子磁矩。但这些物质的原子或分子磁矩之间的作用很微弱，对外作用相互抵消，所以不显宏观磁性。在外磁场中，显示微弱的磁性。

属于顺磁性物质的有大多数气体，某些过渡族元素的金属相合金以及含有过渡元素的化合物（如 La，Pr，MnAl，$FeSO_4 \cdot 7H_2O$，Gd_2O_3 等），除 Be 以外的碱金属和碱土金属以及居里温度以上的铁磁性金属（如 Fe，Co，Ni 等）。

5. 逆磁性物质

逆磁性物质亦称抗磁性物质。其特征是磁化率 $\chi_m < 0$。磁化强度 M 与磁场强度 H 的方向相反，这就是逆磁性。其磁化率很小，为 $-10^{-5} \sim -10^{-6}$，且不随温度而改变。例如，惰性气体，不含过渡元素的离子晶体（NaCl 等），不含过渡族元素的共价化合物（CO_2）和所有的有机化合物，某些金属（如 Bi，Zn，Cu，Ag，Au，Hg，Pb 等）和非金属（如 Si，P，S 等）都属于逆磁性物质。

3.2　磁性材料的主要分类、特点及应用

磁性材料历史悠久，种类繁多，从不同的角度可以将其分为许多类。目前在技术上得到大量应用的磁性材料有两大类：一类是由金属和合金所组成的金属磁性材料；另一类是由金属氧化物所组成的铁氧体磁性材料。这两类材料因为各有特点而拥有其广阔的应用领域，它们之间不能完全相互替代。

磁性材料按照形态可分为粉体材料、液体材料、块体材料、薄膜材料等；按照用途可分为铁芯材料（如变压器、继电器）、磁头材料（录音机）、磁记录材料（磁带、磁盘）、磁致伸缩材料（传感器）、磁屏蔽材料（通讯仪器、电器）；按照磁性能可分为软磁材料、硬磁材料、矩磁材料、压磁材料、旋磁材料等。

磁性材料根据磁滞回线的不同，可分成三类：①软磁材料，其矫顽磁力较小，磁滞回线较窄；②硬磁材料，其矫顽磁力较大，磁滞回线较宽；③矩磁材料，其剩磁大而矫顽磁力小，磁滞回线为矩形。

3.2.1 软磁材料

在较弱的磁场下易于磁化，也易于退磁的材料称为软磁材料。退磁是指在加磁场（或称为磁化场）使磁性材料磁化以后，再加上与磁化场方向相反的磁场使其磁性降低的磁场。

其特点包括：①磁导率大，在较弱的外磁场下就能获得高磁感应强度，并随外磁场的增强很快达到饱和；②矫顽磁力小，当外磁场去除时，其磁性立即基本消失；③磁滞回线呈细长条形。图 3.3 为软磁材料的磁滞回线示意图。

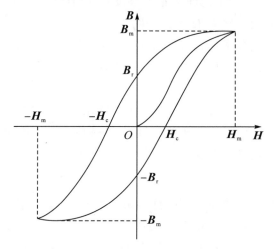

图 3.3　软磁材料的磁滞回线示意图

常用的软磁材料有电工纯铁、硅钢片、铁钴合金、铁铝合金、镍铁合金、软磁铁氧体等。软磁材料在电子工业中主要用来导磁，可用作变压器、线圈、继电器等电子元件的导磁体。

1. 电工纯铁

电工纯铁是一种含碳量低，$w_{Fe} > 99.95\%$ 的软钢。它是在转炉中进行冶炼时，用氧化渣除去碳、硅、锰等元素，再用还原渣除去磷和硫，出钢时在钢包中加入脱氧剂而得。

早在 1886 年，世界上第一台变压器就是用铁片做成的，材料中有较多的杂质，磁性能也较差，材料在使用一段时间以后，磁性能就恶化了。在以后的发展过程中，纯铁中的杂质含量得到了有效的控制，因而磁性能得到了很大的改善。

电工纯铁具有高的饱和磁感应强度、高的磁导率、较小的矫顽磁力、良好的冷加工性能、易焊接、有一定的耐腐蚀性且成本低廉等优点，被广泛地用于直流应用中。主要用于制造电磁铁的铁芯和磁极，继电器的磁路和各种零件，电话中的振动膜等。

2. 硅钢片（硅铁合金）

硅钢片是在电工纯铁中加入 0.4%～4.5% 的硅，使之形成固溶体，可以提高材料电阻率、最大磁导率，降低矫顽磁力、铁芯损耗（铁损），减轻重量。硅钢片也可称为电工用硅钢片。

硅加入量过多时，会降低饱和磁化强度、居里温度，含硅量的增大会使材料变脆，降低机械性能和加工性能。

硅钢片主要应用于各种形式的发电机、电动机和变压器中，在继电器和测量仪表中也大量使用。它是应用最广、用量最大的磁性材料。

3. 铁钴合金

铁钴合金主要是指含钴量为 50% 的铁钴合金。纯铁中加入钴后，B_s 明显提高，具有高的磁导率。

合金中存在 C，H，N 等，当出现无序—有序转变时会使材料变脆，加入少量的 V，Mo，W 和 Cr 可改变其加工性能。特别是加入 2% V 的铁钴合金，抑制了有序化的进行，从而可使性能获得很大改善。

实际应用的铁钴合金主要有 $Fe_{49}Co_{49}V_2$ 和 $(Fe_{50}Co_{50})_{98.7}V_{1.3}$。

铁钴合金具有高的磁导率、B_s 和饱和磁致伸缩系数，可以用作磁致伸缩合金；适用于小型化、轻型化以及有较高要求的飞行器及仪器仪表元件的制备，也可以用于制造电磁铁极头和高级耳膜震动片等，但价格昂贵。

4. 镍铁合金

镍铁合金主要是含镍量为 30%～90% 的 Fe－Ni 合金，通常称为坡莫合金（Permalloy）。

镍铁软磁合金的主要成分是铁、镍、钼、铬、铜等元素，它的软磁性能要比电工硅钢片优越得多。在弱磁场及中等磁场下具有高的磁导率、低的饱和磁感应强度、很低的矫顽磁力和低的损耗，而且加工成型性比较好。它被广泛地应用于电信工业、仪表、电子计算机、控制系统等领域中。根据合金组分的不同，它能够用来制作小功率电力变压器、微电机、继电器、互感器和磁调制器等。

5. 铁铝合金

铁铝合金的居里温度随含铝量的增大而下降。当含铝量大于 18%（质量）时，合金的居里温度已低于室温。因而作为实用的软磁合金，铁铝合金的含铝量需小于 18%。

铁铝合金是较早研究的一种软磁材料，该类合金与其他金属软磁材料相比，具有如下特点：①随着含铝量的变化，可以获得各种较好的软磁特性。如 1J16 合金有较高的磁导率，1J13 合金具有较高的饱和磁致伸缩系数，1J12 合金既有较高的磁导率，又有较高的饱和磁感应强度等。②有较高的电阻率。1J16 合金的电阻率是目前所有金属材料中最高的一种，一般为 150 $\mu\Omega \cdot cm$，是 1J79 镍铁合金的 2～3 倍，因此具有较好的高频磁特性。③有较高的硬度、强度和耐磨性。这对磁头之类的磁性元件来说是很重要的性能，如 1J16 合金的硬度和耐磨性要比 1J79 合金高。④密度低，可以减轻磁性元件的铁心质量。这对于铁心质量占相当大比例的现代电器设备来说很有必要。⑤对应力敏感性小。适于在冲击、振动等环境下工作。⑥合金的时效性好。随着环境温度的变化和使用时间的延长，其性能变化不大。此外，铁铝合金还具有较好的温度稳定性和抗核辐射性能。

铁铝合金和镍铁合金相比较，在性能上具有独特的优点：不含 Ni，Co 等贵重元素，成本低，使用范围很广。它可以部分取代坡莫合金在电子变压器、磁头以及磁致伸缩换能器等处使用。铁铝合金主要用于磁屏蔽、继电器、微电机、信号放大铁芯、超声波换能器元件、磁头，还用于中等磁场工作的元件，如微电机、音频变压器、脉冲变压器、电感元件等。

6. 软磁铁氧体

软磁铁氧体是氧离子和金属离子组成的尖晶石结构的氧化物，是以 Fe_2O_3 为主要成分的复相氧化物。它是一种容易磁化和退磁的铁氧体。其特点是起始的磁导率高，矫顽磁力小，损耗小。

软磁铁氧体是目前用途广、品种多、数量大、产值高的一种铁氧体材料。常用的软磁铁氧体有镍锌铁氧体和锰锌铁氧体，主要用作各种电感元件，如滤波器磁芯、变压器磁芯、无线电磁芯以及磁带录音和录像磁头等。软磁铁氧体也是磁记录元件的关键材料。

3.2.2　硬磁材料

与软磁材料相反，硬磁材料是指那些难以磁化，且除去外磁场以后，仍能保留高的剩余磁化强度的材料。其特征是矫顽磁力（矫顽磁场）高，它常作永磁体，故又称为永磁材料。

衡量一种永磁材料性能的优劣，首先要看其磁能积 $(BH)_{max}$、H_c 和剩磁 B_r，其次看它对振动、温度的稳定性。$(BH)_{max}$ 是磁感应强度与磁场强度乘积的最大值，即单位体积内储存磁能的能力，越大磁性能越好。H_c 是衡量硬磁材料抵抗退磁的能力，一般 $H_c > 10^4 A/m$，剩余磁感应值大于 1 T 以上。

永磁材料是发现和使用都最早的一类磁性材料。我国最早发明的指南器（称为司南）便是利用天然永磁材料磁铁矿制成的。现在的永磁材料不但种类很多，而且用途也十分广泛。常用的永磁材料主要具有以下 4 种磁特性：

（1）高的最大磁能积。最大磁能积 $(BH)_{max}$ 是永磁材料单位体积存储和可利用的最大磁能量密度的量度，简单地说，就是永久磁铁磁极之间的空隙中所能提供磁能的量度，它在数值上等于退磁曲线上各点所对应的磁感应强度和磁场强度乘积中的最大值。当永久磁铁的工作点位于退磁曲线上具有 $(BH)_{max}$ 的那一点时，为提供相同的磁能所需的永磁材料体积最小。

（2）高的矫顽磁力。矫顽磁力 H_c 是永磁材料抵抗磁的和非磁的干扰而保持其永磁性的量度。

（3）高的剩余磁通密度 B 和高的剩余磁化强度 M_r。

（4）高的稳定性，即有关磁性能在长时间使用过程中或者在受到外加干扰磁场、温度、振动和冲击等外界环境因素影响时保持不变的能力。材料稳定性的好坏直接关系到永久磁铁工作的可靠性。

当前常用的重要的永磁材料主要有下面 3 种。

1. 金属永磁材料

这是一类发展和应用都较早的以铁和铁族元素（如镍、钴等）为重要组元的合金型永磁材料。主要有铝镍钴（AlNiCo）系和铁铬钴（FeCrCo）系两大类永磁合金。

铝镍钴系永磁合金是以 Fe—Ni—Al 和 Fe—Ni—Al—Co 为基的高磁能积、高矫顽磁力合金。它的主要成分为 Fe，Ni，Al，再加入 Co，Cu，Mo，Ti 等元素，并经适当的热处理或定向结晶处理而得到的各向异性的永磁合金。这类合金具有良好的磁特性和热稳定性，硬而脆，难以加工，主要用铸造和粉末烧结两种方法成型。其永磁性能和成本属于中等，发展较早，其性能随化学成分和制造工艺的不同而变化的范围较宽，故其应用范围也较广。

铁铬钴系永磁合金的基本成分为 20％～33％ Cr，3％～25％ Co，其余为 Fe。可以通过改变组分含量或添加其他元素（如 Ti 等），改变其永磁性能。其特点是永磁性能中等，但其优良的力学性能使其可进行各种机械加工及冷或热的塑性变形，可以制成管状、片状或线状永磁材料而供多种特殊应用。不过其永磁性能对热处理等较为敏感，因而难以获得最佳的永磁性能。

2. 稀土永磁材料

这是一类由稀土元素（Sm，Nd，Pr 等）与过渡金属铁族元素（Fe，Co 等）为主要成分的金属间化合物，包括 $SmCo_5$ 系、Sm_2Co_{17} 系以及 Nd—Fe—B 系永磁材料。稀土永磁材料是当前最大磁能积最高的一大类永磁材料，应用领域广阔。

稀土永磁材料的发展史如图 3.4 所示，第一代稀土永磁材料是 $SmCo_5$ 系（20 世纪 60 年代），第二代是 Sm_2Co_{17} 系（70 年代），第三代是 Nd—Fe—B 系（80 年代），第四代稀土永磁材料还有待于进一步研究。把这些材料称为"系"，是指其组元可以部分或全部用其他相当的元素替换，以获得最佳的或特定要求的永磁性能。其中最著名的是 Nd—Fe—B 永磁合金，号称磁王，它具有其他永磁材料所不及的高矫顽磁力和最大磁能积，而且有体积小、重量轻、效率高、成本较低等特点。其不足之处在于硬度高、脆性大，难以进行机械加工。

目前，钕铁硼永磁体已经成为支撑现代计算机、电子信息产业的关键材料之一。它还广泛应用于微型电机、移动通信设备、医疗器械、各类音响及影像等消费电子器件、微波器件、仪器仪表等领域，小到移动电话、手表、照相机、录音机、CD 机、VCD 机等，大到汽车、发电机、核磁共振成像、磁悬浮列车等。

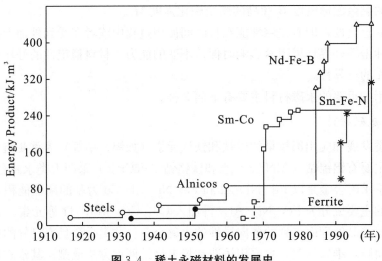

图 3.4　稀土永磁材料的发展史

3. 铁氧体永磁材料

这是以 Fe_2O_3 为主要组元的复合氧化物强磁材料（狭义）和磁有序材料（广义），如钡铁氧体（$BaFe_{12}O_{19}$）和锶铁氧体（$SrFe_{12}O_{19}$）等。其具有料源广泛（不需要稀缺的镍、钴原料），价格低廉，性价比高，生产较为简便，在磁性能上具有高矫顽磁力和高电阻率，密度小，质量轻，制造工艺简单，不存在氧化问题等优点，是硬磁材料中价格最低、用量最大的一类磁铁。

铁氧体永磁材料是将铁的氧化物和锶、钡等化合物按一定比例混合后，再经预烧、破碎、制粉、压制成型、烧结和磨加工而成。它在产量极大的家用电器、音响设备、扬声器、电机、电话机和转动机械等方面得到普遍应用，是目前产量和产值最高的永磁材料。

除上述 3 类永磁材料外，还有一些制造、磁性和应用各有特点的永磁材料。例如，微粉永磁材料、纳米永磁材料、胶塑永磁材料（可应用于电冰箱门的封闭）、可加工永磁材料等。

3.2.3　矩磁材料

矩磁材料是具有矩形磁滞回线、剩余磁感强度 B_r 和工作时最大磁感应强度 B_m 的比值，即 B_r/B_m 接近于 1 以及矫顽磁力较小的磁性材料。其特点是：当有较小的外磁场作用时，就能使之磁化，并达到饱和；去掉外磁场后，磁性仍然保持与饱和时一样。矩磁材料磁滞回线如图 3.5 所示。

在常温使用的矩磁材料有 $(Mn-Mg)Fe_2O_4$ 系、$(Mn-Cu)Fe_2O_4$ 系、$(Mn-Ni)Fe_2O_4$ 系等。在 $-65℃\sim125℃$ 范围内使用的矩磁材料有 Li-Mn，Li-Ni，Mn-Ni，Li-Cu 等。

矩磁材料主要用于电子计算机随机存取的记忆装置，还可用于磁放大器、变压器、脉冲变压器等。用这类材料作为磁性涂层可制成磁鼓、磁盘、磁卡和各种磁带等。

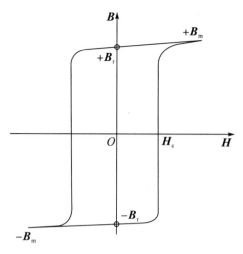

图 3.5　**矩磁材料磁滞回线**

3.2.4　压磁材料

当铁磁材料因磁化而引起伸缩产生应力时，其内部必然存在磁弹性能量，从而产生应力 σ，导致磁导率 μ 发生变化，这种现象称为压磁效应。具有压磁效应的材料称为压磁材料。可以采用压磁材料制成的传感器来感知其磁性（磁导率）变化，从而检测其内部应力及外部载荷的变化。压磁效应的逆效应即磁滞伸缩效应。磁致伸缩材料具有电磁能与机械能或声能的相互转换功能，是重要的磁功能材料之一。

压磁材料有如下特点：①饱和磁致伸缩系数高，可获得最大变形量；②产生饱和磁致伸缩的外加磁场低；③在恒定应力作用下，单位磁场变化可获得高的磁致伸缩变化，或是在恒定磁场下单位应力变化可获得高的磁通密度变化；④材料的磁状态和上述磁参量对温度等环境的稳定性好。

常见的压磁材料有：金属压磁材料，其饱和磁化强度高，力学性能优良，可在大功率下使用，但电阻率低，不能用于高频，例如 Fe－Co－V 系、Fe－Ni 系、Fe－Al 系和 Ni－Co 系合金；而铁氧体压磁材料与金属压磁材料正相反，其电阻率高，可用于高频，但饱和磁化强度低，力学强度也不高，不能用于大功率状态；一些含稀土元素的金属化合物如 $TbFe_2$、$SmFe_2$ 系，其饱和磁致伸缩系数和磁弹耦合系数都高，但缺点是要求外加磁场高，往往难以满足。

压磁材料主要用于电磁能和机械能相互转换的超声发声器、接受器、超声探伤器、超声钻头、超声焊接器、滤波器、稳频器、谐波发声器、振荡器、微波检波器以及声纳、回声探测仪等。

3.2.5　磁记录材料

磁记录材料是指利用磁特性和磁效应输入（写入）、记录、存储和输出（读出）声音、图像、数字等信息的磁性材料。包括磁记录介质材料和磁头材料，前者主要完成信息的记录和存储，后者主要完成信息的写入和读出。

磁记录材料的性能要求主要是磁性能，包括：①剩余磁感应强度 B_r 高，材料的灵敏度高，输出信号大；②矫顽磁力 H_c 越高，越有利于高频记录，以消磁不困难为限；③矩形比是指最大剩余磁感应强度 B_{rmax} 与饱和磁感应强度 B_m 的比值，即 B_{rmax}/B_m，它表明材料的矩形性，比值大，可望获得宽频的记录。

磁记录介质材料是矫顽磁力较高、B_s 较高、磁滞回线陡直的硬磁材料。主要有 Fe_2O_3 系、CrO_2 系、Fe—Co 系和 Co—Cr 系材料等，如计算机硬盘。

磁头材料是高硬度、高磁导率、高 B_s、低矫顽磁力的软磁材料。主要有 Mn—Zn 系和 Ni—Zn 系铁氧体、Fe—Al 系、Ni—Fe—Nb 系及 Fe—Al—Si 系合金材料等，如计算机、摄录像机、录音机的磁头。

3.3 其他磁性材料及应用

3.3.1 磁性液体

磁性材料的种类很多，通常以固态形式存在。随着科学技术的发展，固态形式的磁性材料已经不能满足高技术的特殊要求（如宇航服的转动密封、传感器等）。为此，科学家研究开发了一种既有磁性又具有流动性的新型磁性材料，即磁性液体。

磁性液体（magnetic liquids）是纳米级（一般小于 10 nm）磁性微粒（Fe_3O_4，$\gamma-Fe_2O_3$，Fe，Co，Ni，$\gamma-Fe_4N$ 及 $\alpha-Fe_3N$ 及 Fe—Co—Ni 合金等），通过界面活性剂（羧基、胺基、羟基、醛基、硫基等）高度地分散、悬浮在载液（水、矿物油、酯类、有机硅油、氟醚油及水银）中，形成稳定的均匀胶体溶液，同时具有磁体的磁性和液体的流动性。即使在重力、离心力或强磁场的长期作用下，不仅纳米级的磁性颗粒不发生团聚现象，能保持磁性能稳定，而且磁性液体的胶体也不被破坏。

磁性液体最显著的特点是把液体特性和磁性特性有机结合起来。正是由于磁性液体具有独到的特性，人们将这种特性开发到应用上。磁性液体在应用上的工作原理如下：

（1）通过磁场检测或利用磁性液体的物性变化。

（2）随着不同磁场或分布的形成，把一定量的磁性液体保持在任意位置或者使物体悬浮。

（3）通过磁场控制磁性液体的运动。

磁性液体在电子、仪表、机械、化工、环境、医疗等行业或领域都具有独特而广泛的应用。根据用途不同，可以选用不同基液的产品。

磁性液体应用最广泛的是磁性密封技术，用于旋转轴动态密封，尤其在要求真空、防尘或密封气体等特殊环境中的动态密封最为适用。如图 3.6 所示，该密封是由两个环形磁极和夹于磁极之间的圆筒形永磁铁及旋转轴组成。在磁极和旋转轴之间的间隙内注入磁性液体，由永磁铁、磁极和旋转轴构成的磁路使磁性液体被牢牢地吸在间隙中，形成一磁性液体"O"形环，将间隙堵住，阻止介质由高压侧向低压侧泄露而达到密封的作用。磁性液体具有无泄露、无磨损、自润滑、寿命长等特点，它可以封气、封水、封油、封尘、封烟雾等，是防止污染物通过的有效屏障。如在宇宙飞船的外面常伸出一根轴，轴的端部固定着一架望远镜。飞船内部的压力是大气压力，而舱外的压力却是零。在这种条件下，用最好的橡胶制成的密封件也只能维持几小时的寿命，而磁性液体密封件的寿命则实际上是无限的。

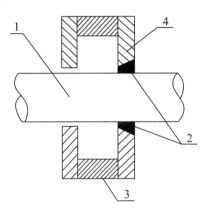

图 3.6　磁性液体轴向密封示意图

1—导磁性旋转轴；2—磁液；3—圆筒形永磁铁；4—磁极

3.3.2　磁致冷材料

磁致冷作为一项高效率的绿色制冷技术，而被世人关注。它是以磁性材料为工质的制冷技术，其基本原理是借助磁致冷材料的磁热效应，即磁致冷材料等温磁化时，磁熵减少，相当于气体制冷中的气体压缩过程，自旋系统向外界放出热量；而等温退磁时，磁熵增大，相当于气体制冷中的气体膨胀过程，自旋系统从外界吸取热量，达到制冷目的。磁致冷与通常的压缩气体致冷方式相比较，都是利用熵的变化。但磁致冷使用的是固态工质，具有较大的熵密度，可以使致冷机体积减小，只有活塞式压缩机的一半。

磁致冷机是利用磁场变化来取代压力变化的，一方面，使整个系统省去了压缩机、膨胀机等运动机械，因此其结构相对简单，振动和噪音也大幅度降低，无污染；另一方面，固态工质使所有的热交换能在液态和固态之间进行，因而功耗低，效率高，可达到气体致冷机的 10 倍。由于气体致冷工质使用的氟里昂对大气中臭氧层有破坏作用而在国际上被禁用，所以更促使磁致冷成为引人瞩目的国际前沿研究课题。磁致冷总的研究趋势是从低温向高温发展，通常在磁致冷的概念中，低温是指温度低于 20 K，主要利用顺磁盐作为制冷工质。低温磁致冷已是十分成熟的技术，也是目前获得超低温十分有效的手段，已被普遍使用。作为磁致冷技术的心脏，磁致冷材料的性能直接影响磁致冷的功率和效率等，因而性能优异的磁致冷材料的研究激发了人们极大的兴趣。

磁性材料广泛地应用于计算机、通信、自动化、音像、电视、仪器和仪表、航空航天、农业、生物与医疗卫生等技术领域。从磁性材料直接应用的领域看，其应用可以概括为家用电器、自动控制、仪器仪表、通信、电力、信息、能源、生物工程、空间研究、海样研究、军事以及科学研究等方面。从与磁性材料相关的学科来看，在生物磁学、地磁学、天体磁学、原子核磁学、基本粒子磁学，乃至于微波磁学、磁流体学、磁勘探磁化学等领域，直接和间接地用到磁性材料和磁学技术的也不少。由这些相关学科进一步发展到更大范围的学科领域就更广泛了。

3.4　结束语

（1）磁性材料是功能材料的重要分支，磁性元器件具有转换、传递、处理信息，存储能量，节约能源等功能。

（2）磁性材料应用于能源、电信、自动控制、通信、家用电器、生物、医疗卫生、轻工、选矿、物理探矿、军工等领域，尤其在信息技术领域已成为不可缺少的组成部分。

（3）信息化发展的总趋势是向小、轻、薄以及多功能、数字化、智能化方向发展，对磁性材料制造的元器件要求不仅大容量、小型化、高速度，而且具有可靠性、耐久性、抗振动和低成本的特点。

我国磁性材料的生产在国际上占有重要的地位。其中，永磁铁氧体的产量达 1.1×10^5 t，居世界首位；软磁铁氧体的产量达 4×10^4 t，居世界前列；稀土永磁的产量为 4300 t，居世界第二。

但是，目前我国生产的磁性材料基本上是低性能水平的材料，与世界先进水平还存在较大的差距。

磁性材料的研究和发展将主要集中在以下几个方面：

（1）加强磁性材料的基础研究和应用基础研究。

（2）改造和完善现有的磁性材料，提高其磁性能，优化制备工艺，降低生产成本。

（3）发展新型的磁性材料，特别是纳米磁性材料。

（4）加强研究、生产、应用三方面的结合，不断开拓磁性材料新的应用领域并促使其发展。

参考文献

［1］严密. 磁学基础与磁性材料［M］. 杭州：浙江大学出版社，2006.

［2］王正品. 金属功能材料［M］. 北京：化学工业出版社，2004.

［3］贡长生，张克立. 新型功能材料［M］. 北京：化学工业出版社，2001.

［4］殷景华，王雅珍，鞠刚. 功能材料概论［M］. 哈尔滨：哈尔滨工业大学出版社，1999.

［5］胡双锋，黄尚宇，周玲，等. 磁学的发展及重要磁性材料的应用［J］. 稀有金属材料与工程，2007，36（Z3）：417-419.

［6］余声明. 智能磁性材料及其应用［J］. 磁性材料及器件，2004，（5）：1-5.

第4章　形状记忆合金

形状记忆合金（Shape Memory Alloy，SMA）是一种特殊的新型功能材料，它是集传感、驱动和执行机构于一体的新型功能材料，其制作具有结构简单、成本低廉和控制方便等独特的优点。金属中发现形状记忆效应可追溯到 1938 年，当时美国的 Greningerh 和 Mooradian 在 Cu−Zn 合金中发现了形状记忆效应，但未引起人们的重视，直到 1962 年，美国海军军械研究所的 Buechler 发现了 TiNi 合金中的形状记忆效应，才开创了"形状记忆"的实用阶段。在 20 世纪 80 年代初，科研工作者们终于突破了 TiNi 合金研究中的难点。从那以后，形状记忆合金开始广泛应用在生产、生活的各个领域。

4.1　形状记忆合金的概念及现象

4.1.1　形状记忆效应现象

某些特殊的合金材料，在一定温度范围内进行变形后，若将其加热到某一特定温度后，它能全部或部分恢复到变形前的形状和体积，这种现象称为形状记忆效应（Shape Memory Effect，SME）。具有形状记忆效应的合金称为形状记忆合金。

图 4.1 展示了形状记忆合金所具有的不同于普通材料的形状记忆效应。在温度 T_0，合金经较大拉伸变形卸载后，除弹性部分恢复外，有较大的残留变形保留，如图中的 A 点。当加热到一定温度后（B 点），形状记忆合金试样的尺寸将随温度的升高发生收缩，而普通材料将继续膨胀。高于某个温度（C 点）结束加热冷却到变形温度 T_0 时，形状记忆合金的形状恢复到变形前的形状，而普通材料的形状不能恢复。

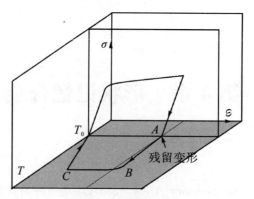

图 4.1　形状记忆效应

4.1.2　超（伪）弹性现象

某些形状记忆合金在一定温度范围内进行较大变形，当外力去除后，形状完全恢复的现象称为超（伪）弹性现象（super elasticity）。其能完全恢复的应变是普通金属材料弹性应变的几十倍，甚至上百倍。图 4.2 展示了形状记忆合金所具有的超（伪）弹性。

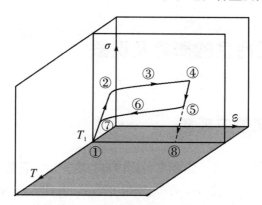

图 4.2　形状记忆合金的超（伪）弹性

当某种形状记忆合金在某个温度（T_1）拉伸变形（从①→④）后卸载到⑤时，其形状将按⑤→⑥→⑦→①途径恢复到变形前的形状，而不是像普通材料那样按⑤→⑧的途径，保留较大的变形。

从上面的定义和示意图，我们知道，形状记忆合金具有特殊的形状记忆效应和超弹性，但这些特性并不是在任何温度下变形都能表现出来的，必须在某个温度变形时才能表现出来。其原因就是我们下面将要讲的内容。

4.2　形状记忆效应和超（伪）弹性的机制

4.2.1　普通合金的变形方式

普通合金的变形方式主要有两种：滑移和孪生。

滑移是指在外力作用下晶体沿某些特定的晶面和晶向发生相对移动的过程，如图 4.3（a）所示。滑移是通过位错的运动来实现的，如图 4.3（b）所示。但滑移后滑移区的晶体结构与未滑移区的晶体结构和位向一样，不发生改变。因而变形加热后仅发生残余应力的消除，变形产生的残留变形不会消除。

孪生是指晶体的一部分沿一定晶面和晶向相对于另一部分发生切变的过程，孪生导致孪晶的生成，如图 4.4 所示。孪晶的生成导致其位向与基体成镜面对称，但也不会导致晶体结构的改变。因而变形加热后也是仅发生残余应力的消除，变形产生的残留变形不会消除。

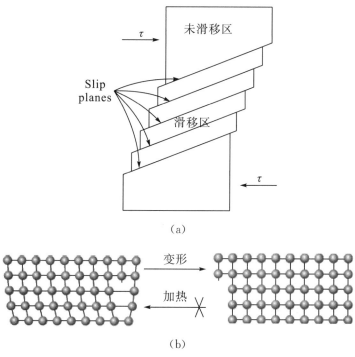

（a）

（b）

图 4.3　滑移变形

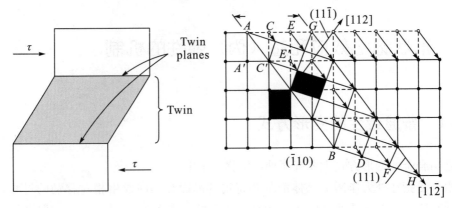

图 4.4　孪生变形

4.2.2　形状记忆合金的变形方式

对于能发生马氏体转变的合金，除上述滑移和孪生变形的方式外，在一定条件下还能以马氏体转变的方式，先于滑移和孪生发生之前实现变形。以马氏体转变的方式实现变形是形状记忆合金具有形状记忆效应和超（伪）弹性的必要条件。

1. 马氏体转变的定义和特征

马氏体转变属晶体结构改变型的相变，即材料经相变时由一种晶体结构变为另一种晶体结构。如钢中发生马氏体转变后，其晶体结构由高温的面心立方（奥氏体）转变为低温的体心立方（马氏体）。马氏体转变具有如下特征：

（1）相变过程无原子扩散，原子的迁移不超过一个原子间距。

（2）相变过程是以切边方式进行，伴随有表面浮凸，宏观形状变化。

（3）相变过程中存在惯习面。惯习面不应变，不转动。

（4）马氏体内有晶体缺陷。马氏体的亚结构多为位错、孪晶或层错。

（5）马氏体相变具有可逆性。

FeC 合金加热后一般不出现马氏体逆转变，不是因为 FeC 合金的马氏体相变不存在可逆性，而是因为在加热过程中出现了回火转变。如果快速加热，含 C 量为 0.8% 的钢经过每秒上升 5000℃的速度加热时，在 590℃～600℃之间就能发生马氏体的逆转变。

2. 马氏体转变的热力学特征

根据相变的一般规律，相变得以发生的条件是相变前后系统的总的自由能改变小于零。新旧两相的化学自由能相等时的温度 T_0 就是两相平衡的理论温度。由于相变都需要一定的驱动力，因而发生马氏体相变的温度（M_s）必须低于 T_0，即需要一定的过冷度，如图 4.5 所示的 $T-\Delta G$ 关系。在 M_s 点以上对合金施加外力也可以引起马氏体相变，此时形成的马氏体为应力诱发马氏体。这是因为外加的机械能加上化学自由能的差也达到了马氏体相变所需要的驱动能。显然，使应力诱发马氏体相变发生所需要的外加机械能随温度的升高而增加，也就是应力诱发马氏体相变的临界应力随温度的升高而增加。

在 A_f 温度以上施加应力发生应力诱发马氏体转变后，当逐渐去除应力时，系统的平衡被打破，应力诱发的马氏体将向低自由能的母相转变，形状逐渐得到恢复，这就是超弹性产生的原因。

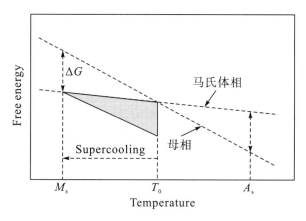

图 4.5　母相和马氏体相的自由能随温度的变化

如果施加的外力也达到了位错运动或孪生发生的临界应力，除应力诱发马氏体发生外，滑移和孪生也将发生，此时形状记忆效应和超（伪）弹性将变差甚至消除，因此，要获得完全的形状记忆效应和超（伪）弹性，变形所施加的应力必须低于位错运动的临界应力。图 4.6 为形状记忆合金发生完全形状记忆效应和超（伪）弹性的温度和范围。只要位错滑移的临界应力足够高（A 线），则在不同温度下变形，形状记忆合金可分别表现出形状记忆效应和超（伪）弹性；如果位错滑移的临界应力较低（如 B 线），则在应力诱发马氏体发生之前，位错滑移已经开始发生，则超（伪）弹性不会出现。

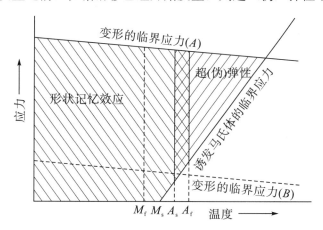

图 4.6　形状记忆合金发生完全形状记忆效应和超（伪）弹性的温度和范围

对于母相和马氏体相均为有序点阵结构的形状记忆合金，当马氏体亚结构为孪晶，在全马氏体态变形时，通过孪晶界面的运动，在应力方向有利的马氏体会长大，而在应力方向不利的马氏体将缩小甚至消失，最终得到只有一种取向的马氏体，同时使材料产生较大变形，如图 4.7 所示。当再加热恢复时，有序的晶体结构保证了晶体学的可逆性，进而使形状得到恢复。

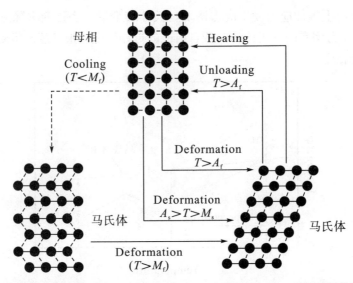

图 4.7　有序点阵结构形状记忆合金产生形状记忆效应和超（伪）弹性时晶体结构的变化

　　图 4.8 显示了 Cu-34.7Zn-3.0Sn 单晶形状记忆合金在不同温度下表现出的形状记忆效应和超（伪）弹性。

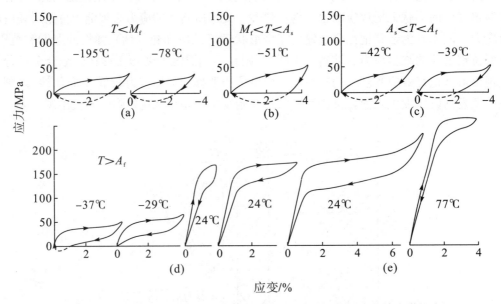

图 4.8　Cu-34.7Zn-3.0Sn 单晶形状记忆合金在不同温度下的力学行为

$M_s=-52℃$，$M_f=-65℃$，$A_s=-50℃$，$A_f=-38℃$

4.3 形状记忆合金的分类

4.3.1 常用形状记忆合金的机械性能和物理性能

具有形状记忆效应的合金种类有很多，到目前为止已有 10 多个系列和 50 多个品种。但目前具有较好应用价值的 SMA，按成分可分为三类：①钛镍合金：Ni－Ti；②Cu 基合金：Cu－Zn－Al，Cu－Al－Ni；③铁基合金：Fe－Mn－Si。它们的机械性能和物理性能如表 4.1 所示。

表 4.1　三大类 SMA 的机械性能和物理性能

项　目	单　位	Ni－Ti	Cu－Zn－Al	Cu－Al－Ni	Fe－Mn－Si
熔点	℃	1240～1310	950～1020	1000～1050	1320
密度	kg/m³	6400～6500	7800～8000	7100～7200	7200
比电阻	$10^{-6}\Omega \cdot m$	0.5～1.10	0.07～0.12	0.1～0.14	1.1～1.2
导热率	W/m·K	10～18	120（20℃）	75	—
热膨胀系数	$10^{-6}/℃$	10（奥氏体） 6.6（马氏体）	16～18	16～18	15～16.5
比热容	J/kg·℃	470～620	390	400～480	540
热电势	$10^{-6}V/℃$	9～13（马氏体） 5～18（奥氏体）	—	—	—
相变热	J/kg	3200	7000～9000	7000～9000	—
杨氏模数	GPa	98	70～100	80～100	—
屈服强度	MPa	150～300（马氏体） 200～800（奥氏体）	150～300	150～300	350
抗拉强度（马氏体）	MPa	800～1100	700～800	1000～1200	700
延伸率（马氏体）	%	40～50	10～15	8～10	25
疲劳极限	MPa	350	270	350	—
晶粒大小	μm	1～10	50～100	25～60	—
转变温度	℃	−50～+100	−200～+120	−200～+170	−20～+230
相变温度滞后大小	℃	30	10～20	20～30	80～100

项　目	单　位	Ni－Ti	Cu－Zn－Al	Cu－Al－Ni	Fe－Mn－Si
最大单向形状记忆	%	8	5	6	3
最大双向形状记忆 $N=10^2$ $N=10^3$ $N=10^7$	%	6 2 0.5	1 0.8 0.5	1.2 0.8 0.5	— — —
上限加热温度	℃	40	160~200	300	—
最大伪弹性应变（单晶）	%	10	10	10	—
最大伪弹性应变（多晶）	%	4	2	2	—
回复应力	MPa	400	200	—	150

4.3.2　常用形状记忆合金性能的优缺点

在三类合金中，Ni－Ti系形状记忆合金的形状记忆效应、力学性能和抗疲劳性能最好，同时它还具有优良的生物相容性的优点。但它的熔炼工艺复杂，冷加工非常困难，因而制造成本高，价格最贵。

Cu基形状记忆合金具有加工容易，形状记忆效应优良，价格便宜的优点。但存在热稳定性、力学性能和抗疲劳性能差的问题。

Fe－Mn－Si基形状记忆合金具有加工容易，力学性能好，价格便宜的优点。但存在形状记忆效应差的问题。

4.4　形状记忆合金的应用

由于形状记忆合金具备形状记忆效应和超（伪）弹性两类特殊的性能，因此在航空航天、生物医学、机械、化工和生活用品中有着广阔的应用前景。下面将分别介绍基于形状记忆合金的形状记忆效应和超（伪）弹性两类性能的具体应用的例子。

4.4.1　基于形状记忆效应的应用

1. 管接头

形状记忆合金作为管接头的连接过程如图4.9所示，具体过程：先将形状记忆合金加工成一定尺寸的管接头，经扩径后使其内径大于被连接管，如图4.9(a)所示；再将被连接管插入扩径后的管接头中，然后将管接头加热到A_f以上，如图4.9(b)所示；由于发生应力诱发马氏体的逆转变，管接头在加热时径向收缩，从而实现管路的连接和密封，如图4.9(c)所示。

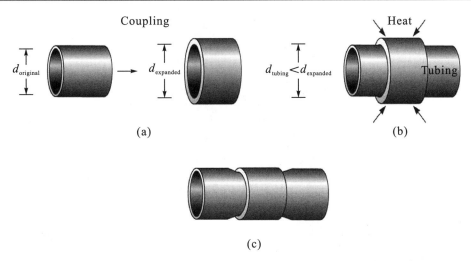

图 4.9 形状记忆合金作为管接头的连接过程

目前，形状记忆合金管接头在石油、石化、市政建设、航空航天等领域已经得到了初步尝试和应用，这里举几个典型的工程应用实例。形状记忆合金管接头第一次成功的工业应用是被用于连接飞机液压系统。平均每架美国 F-14 型飞机的液压系统中要用 800 个形状记忆合金管接头，如图 4.10 所示。自 1970 年以来，美国海军飞机上使用了几十万个这样的管接头。另外，采用记忆合金作为管接头可以解决用焊接方法连接的管道焊缝存在的应力腐蚀问题，大大提高了管道的使用寿命，特别适合石油化工厂的现场施工，如图 4.11(a) 所示。因为现场施工对于一级防火企业来说，明火施工是不安全的，采用感应等加热方式，可以达到无明火连接，完全避免了明火操作，非常安全可靠，如图 4.11(b) 所示。1992 年 9 月，胜利油田首次工程管线连接，采用规格为 $\varnothing60$ 的管接头，装配连接管线 45 m，耐压试验压力 40 MPa，保压 1 h 无渗漏。然后模拟石油管线下沟操作，从 1 m 高处推下，再经 40 MPa 耐压试验仍无渗漏。此管线自 1992 年封住 35 MPa 水压至今，无渗漏。1994 年 7 月，在中原油田铺设 $\varnothing76\times7$ mm 高压注水管线 160 m，工作压力为 16 MPa，使用至今，情况良好。1995 年 9 月，大庆炼油厂利用形状记忆合金管接头铺设 $\varnothing89\times5$ mm 碱液输送管线 500 m，介质是 30% 的 NaOH，工作温度为 190℃，工作压力为 1.5 MPa，一直运行良好。1998 年 7 月，该炼油厂再次利用形状记忆合金管接头铺设了同样规格的碱液输送管线 800 m。天津无机化工厂生产装置中有些管道使用碳钢钢管输送物料，管道采用法兰连接，由于存在应力腐蚀，操作条件恶劣，部分焊缝经常开裂、渗漏，开裂部分补焊后，焊缝仍然开裂，长期以来一直未得到很好解决，为提高可靠性而不得不改用昂贵的不锈钢管道。但使用形状记忆合金管接头后，整个管道接头部分没有出现渗漏现象，现场应用良好。

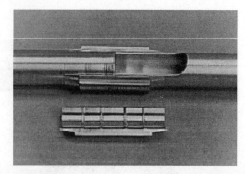

图 4.10　用于连接美国 F—14 型飞机的液压系统的形状记忆合金管接头

　（a）管接头连接石油管道　　　　　　（b）感应加热形状记忆合金管接头

图 4.11　形状记忆合金应用于石油管道连接

2.　轨道连接鱼尾板

采用一般的鱼尾板连接轨道时，轨道之间会存在一定的空隙。当火车经过时，由于空隙的存在以及火车自身的大重量，轨道空隙将会扩大。空隙的扩大将会导致轨道受到车轮的撞击而被破坏，久而久之就会形成更大的空隙，这将不利于火车的安全行驶。为了解决这类问题，需要在两条轨道的连接处形成足够大的压应力来消除空隙，同时抵抗火车自身重量引起的空隙扩大。Maruyama 等采用形状记忆合金作为鱼尾板解决了这一问题。其工作原理是形状记忆合金进行一定量的变形后加工成鱼尾板，然后装配到两条轨道上，最后加热回复，利用形状记忆合金的回复而在两条铁轨之间形成足够大的压应力，如图 4.12 所示。据报道，形状记忆合金材质的鱼尾板已使用了 3 年，未出现任何问题。

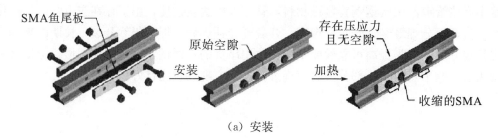

（a）安装

 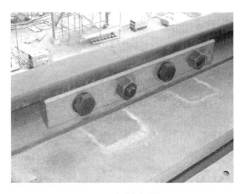

（b）成品　　　　　　　　　　　　（c）应用实例

图 4.12　形状记忆合金应用于轨道连接鱼尾板

3. 预应力混凝土

与金属材料相比，混凝土材料拥有优秀的抗压强度，但是其抗拉强度、抗弯强度、刚度和韧性均较差。为了弥补混凝土材料的缺点，将钢筋作为增强相与混凝土材料进行复合，从而获得了钢筋混凝土这种广泛应用于建筑的复合材料。如果能在混凝土中预先存在一种压应力，将进一步提高其抗拉、抗弯强度，特别是对长跨度的建筑的应用将有重要意义。于是，Sawaguchi 等将形状记忆合金作为增强相与混凝土进行复合，获得了预应力混凝土材料，如图 4.13(a) 所示。由于形状记忆合金的回复而产生的回复应力使得混凝土内部产生了压应力，从而显著提高了混凝土材料的抗弯、断裂强度，如图 4.13(b) 和 4.13(c) 所示。因此，采用形状记忆合金作为混凝土的增强相获得预应力混凝土具有重要的工程应用意义，特别是对于抗震建筑。

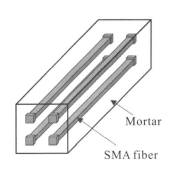 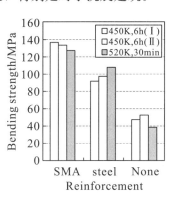 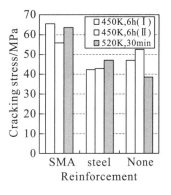

（a）预应力混凝土结构　　　（b）混凝土复合不同材料　　　（c）混凝土复合不同材料
　　　　　　　　　　　　　　　前后的抗弯强度　　　　　　　前后的断裂强度

图 4.13　形状记忆合金应用于制造预应力混凝土

4. 驱动元件

目前，传统的无人驾驶水下运载工具几乎都采用螺旋桨作为推进器。然而，在低速运动时，螺旋桨作为推进器将会牺牲运载工具装置的机动性。最近，基于仿生学，通过模仿鱼类运动的水下运载工具作为推进器，为解决传统推进器低速运动时机动性不好的问题提供了一种可能的解决方案。基于此理念，Suleman 等采用形状记忆合金作为驱动元件，利用形状记忆合金的双程记忆效应研发了一种仿鱼尾水下推进装置，如图 4.14 所示。

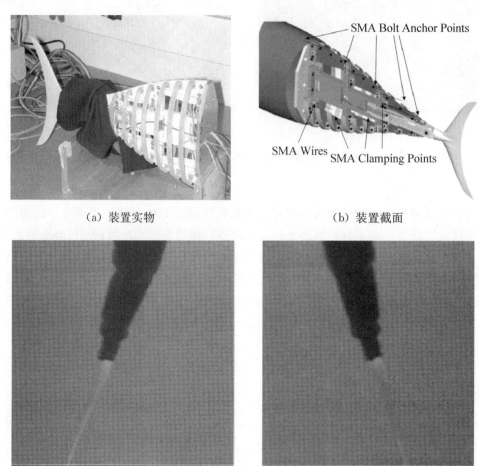

（a）装置实物   （b）装置截面

（c）装置水下运动

图 4.14　仿鱼尾水下推进装置

Mohamed Ali 等将形状记忆合金加工成抓爪，开发了一种频率控制的无线电形状记忆合金微型致动器，如图 4.15(a)所示。该微型致动器是通过控制频率加热形状记忆合金抓爪使其张开，当碰到目标时，调整频率，降低温度，使形状记忆合金抓爪恢复夹紧状态，进而夹紧目标，最终实现捕获目标的功能，如图 4.15(b)所示。

（a）实物

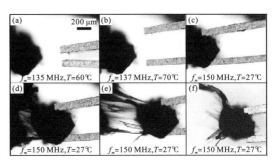

（b）微型致动器捕获目标的过程

图 4.15　形状记忆合金作为抓爪的微型致动器

Sassa 等也将形状记忆合金加工成微型开关，用于组建小型形状记忆合金泵，该泵能实现步进式微流体传输。他们通过控制电流的输入控制形状记忆合金开关。当未通入电流时，形状记忆合金开关为打开状态，微流体可以流动；当通入电流时，形状记忆合金开关发热，发生形状恢复，进而实现关闭的功能，如图 4.16 所示。他们开发的这类小型形状记忆合金泵在化学分析领域中具有广阔的应用前景。

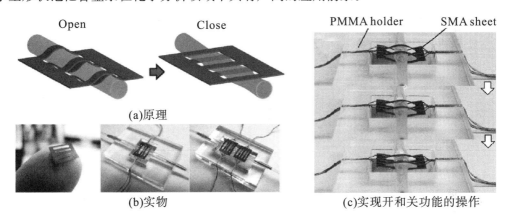

（a）原理

（b）实物

（c）实现开和关功能的操作

图 4.16　小型形状记忆合金泵中的形状记忆合金开关

形状记忆合金也可以被加工成弹簧，用于组装一个水温恒定装置，如图 4.17 所示。该装置的恒温功能主要通过一个形状记忆合金弹簧和一个偏置弹簧来实现。由于形状记忆合金弹簧随温度改变将发生长度的变化，并且变化中产生的力足以让偏置弹簧缩短。因此，当水温过高时，形状记忆合金弹簧将伸长，进而推动偏置弹簧使其缩短，这时热水进水口变小，冷水进水口变大，从而实现降低水温的功能。当水温过低时，形状记忆合金弹簧将缩短，同时偏置弹簧变长，这时热水进水口变大，冷水进水口变小，从而实现升高水温的功能。过去的水温恒温装置是通过蜡式致动器来实现恒温功能的。但是由于蜡的热导率低，导致水温恒温装置存在对温度的反映慢、水温过超的问题。而形状记忆合金弹簧热导率高，因此解决了蜡式致动器存在的问题。综上所述，形状记忆合金弹簧在恒温装置领域具有广阔的应用前景。

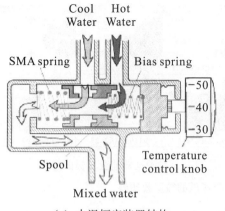
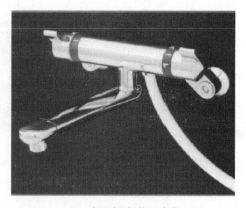

（a）水温恒定装置结构　　　　　　　　（b）水温恒定装置实物

图 4.17　形状记忆合金用于水温恒定装置

　　起飞和降落时的飞机发动机的噪声是全世界关注的问题。为了降低噪声，工程师在发动机上安装了 V 形装置。该装置通过搅混排出气流来降低发动机的噪音。形状记忆合金被制成梁安装在 V 形装置内部。当飞机在低空或低速飞行时，由于形状记忆合金梁受到加热，所以它将弯曲 V 形装置，进而增加排出气流的混合，降低噪音；当飞机在高空或高速飞行时，形状记忆合金梁由于冷却使得 V 形装置变得平直，从而提高发动机的性能。目前，波音公司就设计了基于形状记忆合金的可变机翼 V 形装置，如图4.18 所示。

图 4.18　波音公司基于形状记忆合金设计的可变机翼 V 形装置用于飞机发动机

　　除了以上这些领域的应用外，形状记忆合金作为驱动元件还被用于制造机械手，如图 4.19 所示。当通入电流时，形状记忆合金受热而收缩，于是驱动机械手指实现弯曲的动作；当电流撤去后，形状记忆合金冷却而伸长，于是驱动机械手指实现伸直的动作。

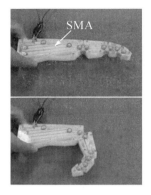

（a）驱动机械手指　　　　　　　　　　　（b）实物

图 4.19　形状记忆合金作为驱动元件

5. 紧固元件

Tamai 等设计了形状记忆合金地角螺栓，并且对地角螺栓进行了尺寸实验。实验结果表明，形状记忆合金地角螺栓在振动结束后没有残余变形，而普通螺栓却有 5 mm 的残余变形，如图 4.20 所示。因此，形状记忆合金地角螺栓能使结构在发生地震后恢复到原始形状，能有效降低地震导致的损失。该技术不仅适用于抗震领域，在其他需要保持结构稳定性的领域同样适用。

（a）形状记忆合金地角螺栓　　　　　　　（b）普通地角螺栓

图 4.20　形状记忆合金地角螺栓和普通地角螺栓振动后的对比

李俊良等将形状记忆合金制成螺母。该螺母的内螺纹加工成略小于螺栓外螺纹的尺寸，然后扩孔变形至标准螺母内螺纹的尺寸。按规定力矩拧紧后，对螺母加热就可使螺母收缩产生径向恢复力。该恢复力可以转化为螺纹副之间的自锁摩擦力矩，防止螺纹副的相对转动，进而达到防松的目的，如图 4.21 所示。随后，沈英明等表征了螺母的自锁摩擦力矩及动态防松性能。结果表明：与普通螺母相比，形状记忆合金螺母经 200℃ 退火，其自锁摩擦力矩提高了 24.87％；经 400℃ 退火，形状记忆合金螺母的自锁摩擦力矩则提高了 200.98％；在相同的预紧力和振动条件下，形状记忆合金螺母经 200℃ 退火后，其动态防松寿命约为普通螺母的 5 倍。

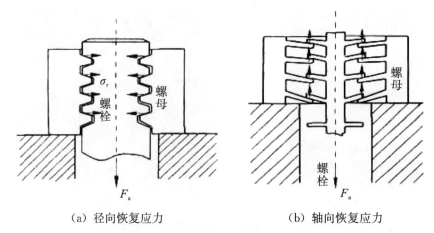

（a）径向恢复应力   （b）轴向恢复应力

图4.21　形状记忆合金螺母产生径向和轴向恢复应力

谷川雅信等将形状记忆合金加工成紧固铆钉。这些紧固铆钉尾部记忆成型为开口状。紧固前，将铆钉在干冰中冷却后把尾部拉直，插入被紧固件的孔中，温度上升产生形状恢复，铆钉尾部叉开即可实现紧固，如图4.22所示。这种形状记忆合金紧固铆钉作为紧固件具有压紧力大、接触密封可靠、操作简单等优点，可以被用于家电设备，如空调机、冰箱等冷冻设备的压缩机，洗衣机电机，电视显像管等主要部件的紧固。

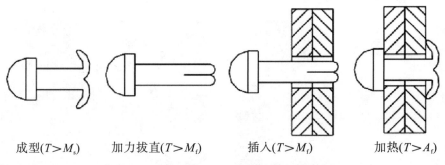

成型$(T>M_s)$　　加力拔直$(T>M_f)$　　插入$(T>M_f)$　　加热$(T>A_f)$

图4.22　形状记忆合金紧固铆钉的紧固示意图

在开发微型主轴单元时，一个最棘手的问题是如何微型化工具装夹装置。由于传统的弹簧夹头、液压夹头和冷缩配合方法存在机构复杂的缺点，因此这些方法很难用于微型化工具的装夹。为了解决这些问题，Shin等基于形状记忆合金开发了一种新型的微型化工具装夹装置，如图4.23所示。该装置利用热风加热，由于发生马氏体向奥氏体的转变，形状记忆合金环内径缩小，从而将工具夹紧。当需要取下工具时，只需用冷气冷却形状记忆合金环，使其发生奥氏体向马氏体的转变，从而扩大内径，取出工具。这种基于形状记忆合金的微型化工具装夹装置有望被用于微加工领域。

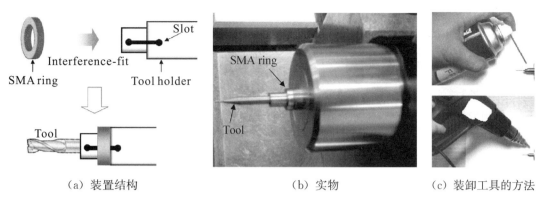

（a）装置结构　　　　　　　　　（b）实物　　　　　　（c）装卸工具的方法

图 4.23　基于形状记忆合金的微型化工具装夹装置

6. 血管支架

　　随着物质生活水平的提高和生活方式的改变，心脑血管疾病的发病率越来越高，它已经成为危及人类生命健康安全的主要疾病之一。目前，冠心病的治疗分为药物治疗、外科手术和介入治疗三大类。药物治疗周期长、见效慢、副作用大，患者容易产生对药物的依赖性；外科手术会对病人产生永久性的伤害；介入治疗因其创伤小、效果好，成为目前治疗心血管狭窄的新型方法。血管支架被广泛用于治疗冠心病等血管性疾病。传统的血管支架是由不锈钢加工而成，这些不锈钢材质的血管支架需要通过气囊使其扩大到需要的尺寸。但是，不锈钢变形后存在弹性回复，导致最终尺寸的不锈钢血管支架与血管呈现一个松配合。此外，由于弹性回复的存在，扩大不锈钢血管支架时需要超过其目标尺寸，这将损坏血管。但是，如果利用形状记忆合金的形状记忆效应，则可以解决传统血管支架存在的问题。将形状记忆合金血管支架植入存在堵塞的血管，由于温度升高使其发生马氏体向奥氏体的转变，血管支架扩大，从而扩张血管，如图 4.24 所示。同时形状记忆合金血管支架可以通过任何椭圆形的通道，而传统的不锈钢血管支架则只能通过圆形通道。

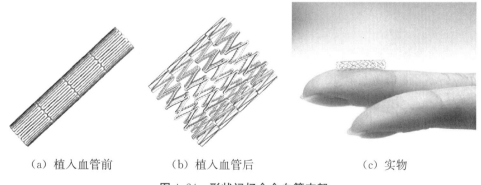

（a）植入血管前　　　　　（b）植入血管后　　　　　　（c）实物

图 4.24　形状记忆合金血管支架

7. 天线

　　形状记忆合金还被用于制作航天飞机的天线。首先，将形状记忆合金天线冷变形成团放置于航天飞机内。当进入太空后，通电加热形状记忆合金天线，这时发生马氏体向奥氏体的转变，产生形状记忆效应，天线将恢复至冷变形前的形状，如图 4.25 所示。

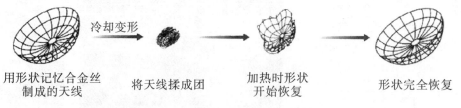

图 4.25　形状记忆合金天线工作原理

8. 防伪标志

利用形状记忆合金的形状记忆效应，还可以将其用于制造防伪标志。形状记忆合金防伪标志经加热后，发生马氏体向奥氏体的转变，产生形状记忆效应，标志发生变化，最终实现防伪功能，如图 4.26 所示。

（a）加热前　　　　　　　　　　　　　　　（b）加热后

图 4.26　形状记忆合金防伪标志

4.4.2　基于超（伪）弹性的应用

1. 自恢复建筑材料

Otero 基于形状记忆合金的超（伪）弹性开发了一种自恢复建筑材料。自恢复建筑材料受力变形而产生裂口；当力撤去时，形状记忆合金的超（伪）弹性使得材料产生的裂口显著缩小，如图 4.27 所示。这种自恢复建筑材料在抗震领域将有广阔的应用前景。

 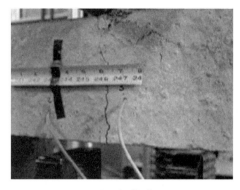

（a）加载后　　　　　　　　　　　（b）卸载后

图 4.27　自恢复建筑材料

2. 其他应用

由于形状记忆合金存在超（伪）弹性，因此其作为弓丝被成功应用于牙科整形。在很长一段时间里，形状记忆合金弓丝能提供一个几乎不变的力来迫使牙齿移动，达到整形的目的。图 4.28(a)为形状记忆合金弓丝用于牙科整形。形状记忆合金也被用于制作眼镜架，如图 4.28(b)所示。由于形状记忆合金的超（伪）弹性，使我们可以随意使眼镜架变形而不会损坏它。

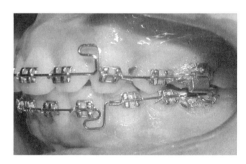 

（a）牙科整形　　　　　　　　　　（b）制作眼镜架

图 4.28　形状记忆合金被用于牙科整形和制作眼镜架

参考文献

[1] Sato A，Kubo H，Maruyama T. Mechanical Properties of Fe－Mn－Si Based SMA and the Application [J]. Materials Transactions，2006，47（3）：571－579.

[2] Maruyama T，Kurita T，Kozaki S，et al. Innovation in producing crane rail fishplate using Fe－Mn－Si－Cr based shape memory alloy [J]. Materials Science and Technology，2008，24（8）：908－912.

[3] Sawaguchi T，Kikuchi T，Ogawa K，et al. Development of Prestressed Concrete using Fe－Mn－Si－Based Shape Memory Alloys Containing NbC [J]. Material Transactions，2006，47（3）：580－583.

[4] Suleman A，Crawford C. Design and testing of a biomimetic tuna using shape memory alloy induced propulsion [J]. Computers and Structures，2008，86：491－499.

［5］ Mohamed Ali M S, Takahataa K. Frequency－controlled wireless shape－memory－alloy microactuators integrated using an electroplating bonding process ［J］. Sensors and Actuators A, 2010, 163：363－372.

［6］ Sassa F, Al－zain Y, Ginoza T, et al. Miniaturized shape memory alloy pumps for stepping microfluidic transport ［J］. Sensors and Actuators B, 2012, 165：157－163.

［7］ Otsuka K, Ren X B. Recent developments in the research of shape memory alloys ［J］. Intermetallics, 1999, 7：511－528.

［8］ Mabe J, Cabell R, Butler G. Design and control of a morphing chevron for takeoff and cruise noise reduction ［C］//Proceedings of the 26th Annual AIAA Aeroacoustics Conference. Monterey, CA, 2005：1－15.

［9］ Mabe J H, Calkins F, Butler G. Boeing's variable geometry chevron, morphing aerostructure for jet noise reduction ［C］//47th AIAA/ ASME / ASCE / AHS / ASC Structures, Structural Dynamics and Materials Conference. Newport, Rhode Island, 2006：1－19.

［10］ Tamai H, Kitagawa Y, Fukuta T. Application of SMA rods to exposed－type column bases in smart structural systems ［J］. The International Society for Optical Engineering, 2003, 5057：169－177.

［11］ 李俊良, 杜彦良, 沈英明, 等. 新型螺纹联接接触恢复应力的计算表征 ［J］. 机械设计与制造, 2008 (2)：22－24.

［12］ 沈英明, 李俊良, 杜彦良. 铁基形状记忆合金螺母防松性能研究 ［J］. 石家庄铁道学院学报, 2005 (1)：25－28.

［13］ 刘林林, 林成新, 孙德平, 等. Fe－Mn－Si 形状记忆合金的应用研究现状及展望 ［J］. 天津理工大学学报, 2010, 26 (2)：40－45.

［14］ Shin W C, Ro S K, Park H W, et al. Development of a micro/meso－tool clamp using a shape memory alloy for applications in micro－spindle units ［J］. International Journal of Machine Tools & Manufacture, 2009, 49：579－585.

［15］ Song G, Ma N, Li H N. Applications of shape memory alloys in civil structures ［J］. Engineering Structures, 2006, 28：1266－1274.

第5章　纳米材料

纳米实际上是一个尺度概念，$1\text{ nm}=10^{-9}\text{ m}$，即 1 纳米等于十亿分之一米，相当于数个原子的尺寸。而纳米材料是指组成相或晶粒在任一维上尺寸小于 100 nm 的材料，也叫超分子材料。纳米材料按宏观结构分为由纳米粒子组成的纳米块、纳米膜、纳米多层膜及纳米纤维等，按材料结构分为纳米晶体、纳米非晶体和纳米准晶体，按空间形态分为零维纳米颗粒、一维纳米线、二维纳米膜、三维纳米块。由于进入纳米尺度，纳米材料各项理化指标有一个质和量的突变，表现出奇异的力学、光学、电学、磁学以及生物学特性，引起人们的极大关注，使得纳米科学与技术得以高速发展，纳米材料也逐渐得到工程应用。

5.1　纳米科技发展沿革

1959 年，美国著名物理学家、两次诺贝尔奖获得者 Richard Feynmen 发表了题为《There is a plenty of room at the bottom》的演讲。其中提出了如在原子或者分子的尺寸上对材料和零件进行加工，将大不列颠百科全书存储在针尖大小的空间中等超前的设想。同时预言：如果我们能按照自己的意愿在微小规模上控制物体的排序，将获得很多具有特殊性能的物质。该演讲被认为是纳米材料和纳米科技的起源。

20 世纪 70 年代，关于纳米材料的理论有了实质性的进展。1962 年日本科学家 Kubo 等提出了著名的久保理论，认为在超细微粒中，原子个数极少，因此费米面附近电子的能级既不同于大块金属的连续能级，也不同于孤立原子的分立能级，成为不连续的离散能级而在能级之间出现间隙。该能隙大于热起伏能 k_BT 时（k_B 为玻耳兹曼常数，T 为热力学温度），金属的超细微粒将出现量子效应，而显示出与块体金属显著不同的性能，这种效应称为久保效应。后来，Halperin 对久保效应进行了较为全面的解释。1969 年，Esaki 和 Tsu 提出了超晶格概念，即两种或两种以上的极薄的薄膜交替叠合在一起形成的多周期的结构。这种结构使得两种材料的生长方向上出现一个人为引进的周期 d，由于该周期远大于原子的晶格常数 a，但又小于电子的德布罗意波长，这使得原来的能带结构发生分离，出现许多由能隙分开的狭窄的亚能隙带，使原子的共振隧穿发生极大的变化。此时，在生长方向上，原来边界为 π/a 的布里渊区会分成边界为 π/d 的许多微小的布里渊区。通过施加周期势方向的外加电场，子带中的电子很容易通过 $E-k$ 曲线上的 $\partial E^2/\partial k^2$ 点从正加速区进入负加速区，故在宏观上表现为负电阻效应。

1972 年，张立刚等通过分子束外延技术生长出 100 多个周期的 AlGaAs/GaAs 的超晶格材料，并在外加电场超过 2 V 时观察到了与理论一致的负电阻效应，从而验证了上述理论。

20 世纪 80 年代后，纳米材料和纳米技术出现了迅猛的发展。1981—1985 年，IBM 公司先后发明了可以直接观察和操纵微观粒子的重要仪器——扫描隧道显微镜（STM）、原子力显微镜（AFM），为纳米科技的发展起到了积极的促进作用。1981 年，德国萨尔兰大学的学者 Gleiter 首次提出了纳米材料的概念，并于 1984 年成功制备了纳米金属块体，经研究发现了其界面的奇异结构和特异功能。1987 年，美国实验室又成功制备了纳米 TiO_2 多晶体。1990 年 7 月，在美国召开了第一届国际纳米科学技术会议（Nano Science and Technology，NST），会议正式宣布将纳米材料科学作为材料科学的一个新分支，而采用纳米材料制作新产品的工艺技术被称为纳米技术，这标志着纳米科学的诞生。

与此同时，世界上一些发达国家几乎同时提出了国家级的纳米科技的战略规划，并付诸行动。美国为了保持其在纳米科学技术领域的强势地位，2000 年初，克林顿总统向美国国会提出"国家纳米技术计划"（National Nanotechnology Initiative，NNI）倡议，全面部署纳米技术战略规划，包括纳米材料及其制备、纳米电子学、化学与制药业、生物技术与农业、计算机与信息技术等，并在电子信息、生物工程、医学、航空航天等高新尖端领域取得骄人的成果。在日本，纳米技术被列为材料科学的四大重点基础研究开发项目之一，如利用分子探针技术测量控制原子水平上的结构，研究新型电子材料同原子技术相关的物理学等。德国 BMBF 纳米技术行动计划的基本宗旨是实行"以产品为导向的技术开发"，主要包括超级薄膜、新型纳米结构、超精细表面制图、纳米材料与分子结构（器件）等几个方面。我国政府在 2001 年 7 月就发布了《国家纳米科技发展纲要》，并先后建立了国家纳米科技指导协调委员会、国家纳米科学中心和纳米技术专门委员会。国家层面的重视和支持促进了纳米材料和纳米科技的高速发展。

5.2　纳米材料基本特性

5.2.1　小尺寸效应

当超细微粒的尺寸与光波波长、德布罗意波长以及超导态的相干长度或透射深度等物理特征尺寸相当或更小时，晶体的周期性边界条件将被破坏，在非晶态纳米微粒的颗粒表面层附近原子密度减少，磁性、内压、光吸收、热阻、化学活性、催化性及熔点等与普通粒子相比都有很大变化，这就是纳米粒子的小尺寸效应。例如，光吸收显著增加，并产生吸收峰的等离子共振频移；磁有序态向磁无序态的转变，超导相向正常相的转变；声子谱发生改变。

5.2.2　表面效应

表面效应是指因纳米微粒表面原子与总原子数之比随粒径变小而急剧增大后引起的性质上的变化。纳米材料的颗粒尺寸小，位于表面的原子所占的体积分数很大，随着纳米颗粒尺寸减小，比表面积急剧加大。表面原子处于"裸露"状态，周围缺少相邻的原子，原子配位数不足，存在未饱和键，导致纳米颗粒表面存在许多缺陷。这些表面原子具有很高的活性，特别容易吸附其他原子或与其他原子发生化学反应。这种表面原子的活性不但引起纳米粒子表面输运和构型的变化，同时也引起表面电子自旋构象和电子能谱的变化。表面效应是纳米粒子及其固体材料的最重要的效应之一。

5.2.3　量子尺寸效应

当粒子尺寸下降到某一值时，金属费米能级附近的电子能级由准连续变为离散能级的现象，以及纳米半导体微粒存在不连续的最高被占据分子轨道能级和最低未被占据分子轨道能级，能隙变宽的现象均称为量子尺寸效应。早在 20 世纪 60 年代，Kubo 就采用电子模型给出了能级间距与颗粒直径的关系为 $\delta = 4E_f/3N$。对于常规物体，因包含有无限个原子（N），故常规材料的能级间距几乎为零（$\delta \to 0$）；对于纳米微粒，因所包含原子数有限，δ 有一定的值，即能级间距发生了分裂。当能级间距大于热能、磁能、光子能量或超导态的凝聚能时，则会引起能级改变、能隙变宽，使粒子的发射能量增加，光学吸收向短波方向移动，直观上表现为样品颜色的变化。量子尺寸效应产生的最直接的影响就是纳米晶体吸收光谱的边界蓝移。这是由于在纳米尺度半导体微晶中，光照产生的电子和空穴不再是自由的，它们存在库仑作用，此电子－空穴对类似于大晶体中的激子。由于空间的强烈束缚，导致激子吸收峰蓝移，带边以及导带中更高激发态均相应蓝移。粒子尺寸越小，激发态能级越大，吸收峰蓝移，这是蓝移发生的物理学因素。

5.2.4　宏观量子隧道效应

量子隧道效应是从量子力学的粒子具有波粒二象性的观点出发，解释粒子能够穿越比总能量高的势垒，这是一种微观现象。微观粒子具有贯穿势垒的能力称为隧道效应。近年来，人们发现一些宏观量，如微粒的磁化强度和量子相干器件中的磁通量等，也具有隧道效应，称为宏观量子隧道效应。Awschalom 等采用扫描隧道显微镜技术控制纳米尺度的磁性纳米粒子的沉淀，用超导量子干涉仪（SQUID）研究低温条件下微颗粒磁化率对频率的依赖性，证实了在低温条件下确实存在磁的宏观量子隧道效应。这一效应与量子尺寸效应共同确定了微电子器件进一步微型化的极限，限定了采用磁带、磁盘进行信息储存的最短时间。

以上四种效应体现了纳米材料的基本特征。除此之外，纳米材料还具有如介电限域效应、库仑堵塞效应和量子隧穿效应等特性。这些特性使纳米材料表现出许多奇特的物理和化学性质。

5.3　纳米材料的分类

根据三维空间中未被纳米尺度约束的自由度的不同，可将纳米材料大致分为零维纳米材料（纳米粉末，如纳米颗粒和原子团簇）、一维纳米材料（纳米纤维，如纳米管）、二维纳米材料（纳米薄膜）、三维纳米材料（纳米块体材料）等。

5.3.1　零维纳米材料

零维纳米材料通常又称为量子点，因其尺寸在三个维度上与电子的德布罗意波的波长或电子的平均自由程相当或更小，因而电子或载流子在三个方向上都受到约束，不能自由运动，即电子在三个维度上的能量都已量子化。零维纳米材料通常包括原子团簇和纳米颗粒。

1. 原子团簇

原子团簇是由几个乃至上千个原子、分子或离子通过物理和化学结合力组合成的相对稳定的聚集体，其物理和化学性质随着所含原子数目的不同而变化。原子团簇的许多性质既不同于单个原子和分子，也不同于块体和液体，并且不能用两者性质作简单线性外延和内插得到。因此，人们把原子团簇看成是介于原子、分子与宏观物质之间的物质结构的新层次，是各种物质由原子、分子向大块物质转变的过渡状态。也可以说，原子团簇代表着凝聚态物质的初始状态，有人称之为"物质的第五种状态"。

为了更好地揭示与原子团簇尺寸有关的团簇特征，一般将原子到固体之间的尺寸数量级划分四个尺寸区间，即分子、团簇、超微粒和微晶。应当指出，这里关于尺寸的划分不是绝对的，不同元素的各区间之间并没有严格的界限，即使是同种元素构成的聚集体，其不同的性质所表现出的特征也可能反映在不同的尺寸区间，而且形成原子团簇的方法和条件不同，对原子团簇结构和性质也会有很大影响。

原子团簇的微观结构特点和奇特的物理、化学性质为制造和发展特殊性能的新材料开辟了全新的技术途径。例如，利用团簇红外吸收系数、电导特性和磁化率的异常变化，某些原子团簇超导临界温度的提高，可用于研制新型敏感元件、储氢材料、磁性液体、高密度磁记录介质、微波及光吸收材料、超低温和超导材料、磁流体和高级合金；在能源研究方面，可用于制造高效燃烧催化剂和烧结剂。通过超声喷注方法研究原子团簇的形成过程，为未来聚变反应堆等离子的注入提供借鉴。用纳米尺寸的团簇原位压制成的纳米结构材料，具有很大的界面成分以及高扩散系数和韧性，呈现出超延展性与优异的热学、力学和磁学特性，可用于制造新型高性能合金。由原子团簇构成的半导体纳米材料，在薄膜晶体管、气体传感器、光电器件等应用领域日益受到重视。

2. 纳米颗粒

纳米颗粒尺寸为纳米级，其尺寸大于原子团簇，小于通常的微粒。纳米颗粒单位体积（或质量）的表面积比块体材料大很多，当粒子尺寸为纳米量级（1～100 nm）时，粒子将具有量子尺寸效应、小尺寸效应、表面效应和宏观量子隧道效应，因而表现出许多特有的性质，在催化、滤光、光吸收、医药、磁介质及新材料等方面有广阔的应用前景。纳米颗粒呈现出特殊的表面效应与体积效应，这些特性将决定着纳米颗粒最终的物理、化学性能，使其成为"物质的特殊状态"。因此，可以定义纳米颗粒：物质颗粒的体积效应和表面效应，其中之一显著变化，或两者都显著变化的颗粒叫作纳米颗粒。

纳米颗粒与微细颗粒、原子团簇的区别不仅仅反映在尺寸方面，更重要的是其在物理与化学性质方面的显著差异。微细颗粒一般不具有量子效应，而纳米颗粒具有量子效应；原子团簇具有量子尺寸效应和幻数效应，而纳米颗粒一般不具有幻数效应。这是导致三者特性差别的物理根源。

5.3.2　一维纳米材料

一维纳米材料称为量子线，包括碳纳米管及各种纳米线，其电子在两个维度或方向上的运动受约束，仅能在一个方向上自由运动。

1991 年发现的碳纳米管是典型的一维纳米材料，如图 5.1 所示。Iijima 认为，碳纳米管是由碳原子组成的层而卷成筒状后形成的管状纤维。层面内的碳原子之间以 sp2 键结合，形成一系列连续的六边形，简称六圆环。单层碳纳米管是由一层卷成筒状的碳原子六圆环组成；而多层碳纳米管则是由多个碳原子六圆环构成的圆筒套在一起组成的，而这些圆筒之间的间距与石墨中碳原子层面间距相等，均为 0.34 nm。此外，Iijima 还认为，碳纳米管的弯曲和变形是由非六圆环的介入所致。Iijima 给出的模型只反映了碳纳米管的基本结构，实际上，纳米管在碳原子卷层生长过程中会产生许多畸变，从而导致许多形态各异的碳纳米管的出现。W_2S 纳米管是 MX_2（M=Mo，X=S，Se）类纳米管的一种，被称为非碳纳米管。W_2S 的点阵结构是简单六方，点阵常数 $a=0.3154$ nm，$c=1.2362$ nm，其层状结构与石墨结构类似，可以仿照碳纳米管螺旋度的定义来描述和表征 W_2S 纳米管的螺旋度和结构。

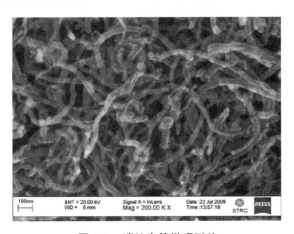

图 5.1　碳纳米管微观形貌

采用各种方法制备的 Si 纳米线和其他纳米线，其外面常常包覆 Si 和 Si-O 非晶层。晶体具有择优生长取向，使晶核具备沿某一方向优先生长的可能并最终成为纳米线；但非晶体没有择优生长取向，其沿任意一方向长大的可能性都是相同的。虽然 SiO_x ($1<x<2$)非晶纳米线的生长机制还不清晰，但 SiO_x ($1<x<2$)非晶纳米线是在 Si 纳米线生长过程中或生长之后被氧化而形成的，而 Si 被氧化后形成的 Si-O 不可能重新结晶为晶态的 SiO_2，因此形成的 SiO_x ($1<x<2$)为非晶态。

5.3.3　二维纳米材料

二维纳米材料称为量子面，电子在一个方向上的运动受约束，能在其余两个方向上运动，即纳米薄膜材料。图 5.2 是 SiO_2 纳米薄膜的微观形貌。已经发现的超晶格薄膜、LB 薄膜、巨磁阻颗粒膜材料等都可以归纳为纳米薄膜材料，它们具有纳米材料所定义的特征。典型的纳米薄膜应该是以纳米粒子或原子团簇为基质的薄膜体，或者薄膜的厚度为纳米级，从而表现出显著的量子尺寸效应。例如，镶嵌有原子团的功能薄膜通常会在基质中呈现出调制掺杂场效应，该结构相当于大原子构成的超原子薄膜，具有三维特征。

图 5.2　SiO_2 纳米薄膜微观形貌

目前，对纳米薄膜的研究多集中在纳米复合薄膜，这是一类具有广泛应用前景的纳米材料。按纳米复合薄膜用途，可将其分为纳米复合功能薄膜和纳米复合结构薄膜。前者主要利用纳米粒子所具有的光、电、磁方面的特异功能，通过纳米粒子复合赋予基体不具备的功能；后者主要是通过纳米粒子复合提高机械方面的性能。由于纳米粒子的组成、性能、工艺条件等参量的变化都对复合薄膜的特性有显著影响，因此，可以在较多自由度的情况下人为地控制纳米复合薄膜的特性。

组成纳米薄膜的材料可以是金属、半导体、绝缘体、有机高分子等材料，因此纳米复合薄膜的材料可以有许多种组合，如金属/半导体、金属/绝缘体、半导体/绝缘体、半导体/高分子材料等，而每一种组合又可衍生出更多类型的纳米复合薄膜。纳米复合薄膜材料中相邻两层金属或合金间的厚度之和为多层膜的调制波长。当多层膜的调制波长比各层膜单晶的晶格常数大几倍或更大时，可称这种多层膜为"超晶格"薄膜。纳米多层膜中各成分都有接近化学计量比的成分构成，从 X 射线衍射谱中可以看出，所有金属相和绝大多数陶瓷相都为多晶结构，并且峰有一定的宽化，这表明晶粒是相当细小的，粗略地估算为纳米级，与原子层的厚度相当。纳米多层膜中的部分相呈非晶结构，但在非晶结构基础上也有局部的晶化特征。通过观察可以看到，多层膜具有多层结构，一般多层膜的结构界面平直清晰，看不到明显的界面非晶层，也没有明显的成分混合区。

5.3.4　三维纳米材料

三维纳米材料是由颗粒或晶粒尺寸为 $1\sim100$ nm 的粒子凝聚而成的三维块体材料，图 5.3 是 SiC/BN 纳米晶陶瓷的微观组织。纳米固体材料的基本构成是纳米微粒加上它们之间的界面。由于纳米粒子尺寸小，界面所占体积分数几乎可与纳米微粒所占体积分数相比拟。因此，纳米固体材料的界面不能简单地看成是一种缺陷，它已成为纳米固体材料基本构成之一，对其性能起着举足轻重的作用。

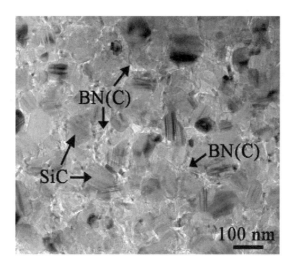

图 5.3　SiC/BN 纳米晶陶瓷微观组织

采用 TEM 和 XRD 等技术对纳米固体材料的结构进行研究。结果表明：纳米晶体材料是由晶粒组元和晶界组元组成的，所有原子都位于晶粒的格点上；纳米非晶体材料由非晶组元和界面组元组成；纳米准晶体材料由准晶组元和界面组元组成。晶粒组元、非晶组元和准晶组元统称为颗粒组元，晶界组元和界面组元统称为界面组元。界面组元具有原子密度降低、最近邻原子配位数变化的特点。非晶体界面部分的平均原子密度比同成分的晶体少 $10\%\sim30\%$，而典型的非晶体密度为同成分晶体密度的 $96\%\sim98\%$。也就是说，晶体界面密度的减少是非晶体密度减少的 $5\sim10$ 倍。同时，晶界的原子间距差别也较大，从而导致最近邻原子配位数的变化。

纳米晶体界面的原子结构取决于相邻晶粒的相对取向以及晶界的倾角。如果晶粒的取向是随机的，晶界将具有不同的原子结构，这些结构可由不同的原子间距区分。界面组元是所有界面结构的组合。如果所有界面的原子间距各不相同，则这些界面的平均厚度将导致各种可能的原子间距取值。因此，可以认为界面组元的微观结构与长程有序的晶态不同，也与短程有序的非晶态不同，它是一种新型的结构。此外，纳米非晶体的结构与纳米晶体不同，它的颗粒组元是短程有序的非晶态，界面组元内的原子排列更混乱，是一种无序程度更高的纳米材料。

纳米材料结构中，平移周期遭到很大破坏，界面原子排列比较混乱，界面中的原子配位不全使缺陷增加。另外，纳米粉体压成块体后，晶格常数会发生变化，从而造成缺陷增加。这就是说，纳米材料实际上是缺陷密度十分高的一种材料。

5.4 纳米材料的制备方法

5.4.1 气相法

制备纳米材料的气相法，是利用各种前驱气体或采用加热的方法使固体蒸发成气体以获得气源，然后将高温蒸汽在冷阱中冷凝或在衬底上沉积和生长出低维纳米材料的方法。气相法是制备纳米粉体、纳米晶须、纳米纤维和生长超晶格薄膜和量子点等的主要方法。气相法根据其主要工艺，分为前驱物为固体的气相法与前驱物为气体或液体的气相法。

5.4.1.1 前驱物为固体的气相法

1. 惰性气体冷凝法

1963 年，Ryozi Uyeda 等通过在纯净的惰性气体中的蒸发和冷凝获得较干净的纳米微粒。20 世纪 70 年代，惰性气体冷凝（Inert-Gas Condensation，IGC）技术成为制备纳米颗粒的主要手段。1984 年，Gleiter 等提出将由气体冷凝法制得的纳米微粒在超高真空条件下紧压致密得到多晶体（纳米微晶），成功制备了 Pd，Cu 和 Fe 等纳米晶体，从而标志着纳米结构材料的诞生。

惰性气体冷凝法是通过适当的热源使可凝聚性物质在高温下蒸发变为气态原子、分子，由于惰性气体的对流，气态原子、分子向上移动，并接近充有液氮的骤冷器（77 K）。在蒸发过程中，蒸发产生的气态原子、分子由于与惰性气体原子发生碰撞，其能量迅速损失而冷却，这种有效的冷却过程在气态原子、分子中造成很高的局域饱和，从而形成均匀的成核过程。成核后先形成原子簇或簇化合物，原子簇或簇化合物碰撞或长大而形成单一纳米微粒。在接近冷却器表面时，单个纳米微粒聚合长大，并在冷却器表面上积累起来，用聚四氟乙烯刮刀刮下并收集，便可获得纳米粉体。由于粒子是在很高的温度梯度下形成的，因此得到的粒子粒径很小（可小于 10 nm），而且粒子的团聚、凝聚等形态特征可以得到良好的控制。例如，采用 $SiH_4 - CH_3NH_2 - NH_3$ 系统制备了 Si/C/N 复合粉末，微粒粒径是 30～72 nm。

2. 激光消融法

激光消融法的原理是由于半导体材料和光学材料对准分子激光的反射率较低，利用波长在紫外光区的准分子激光对这些材料进行消融，能得到较好的效果。由于准分子激光波长较短，当激光脉冲打到靶上时，能直接使材料消融变成等离子体从材料表面溅射出来，从而阻止颗粒的凝结，使得到的纳米微粒更均匀细小。这种方法因操作简单，产生的纳米颗粒粒度小且分布均匀，被广泛用于制备金属及其氧化物、半导体和有机化合物等多种材料的纳米微粒。

由于纳米粒子的比表面积较大，因此在消融过程中得到的纳米粒子很容易在空气中被氧化，为避免被氧化，可采用高真空度或使用其他惰性气体保护靶体。目前，激光消融制备金属纳米微粒根据其所处环境可分为两类：一类是将金属（金属粉末）安放在充以惰性气体（某种气体或者真空）的消融室中，让其靶面旋转，用激光直接照射后可在其旁的基片上收集得到纳米微粒，通过控制气压和激光强度可以制备平均粒度不同的纳米微粒。另一类是将金属放置在溶液中（通常为水溶液），然后利用激光对其进行照射，可以得到包含其纳米微粒的胶状溶液。此方法非常简单，对制备环境要求较低，制备的纳米微粒一般呈圆球状，且粒度分布均匀，纳米微粒的大小同样可以通过调整激光强度来控制。尽管激光消融法制备纳米微粒有许多优点，但是产量低、放大困难等缺陷使得其生产成本一直很高。

3. 通电加热蒸发法

通电加热蒸发法是以制备 SiC 陶瓷材料的纳米微粒为主要目的而使用的一种方法。碳棒与硅板接触，在蒸发室内充有 Ar 或 He，压力为 1～10 kPa，在碳棒与硅板间通交流电（几百安培），硅板被其下面的加热器加热，随着硅板温度上升，电阻下降，电路接通。当碳棒温度达到白热程度时，硅板与碳棒接触的部位熔化。当碳棒温度高于 2473 K 时，在其周围形成 SiC 超微粒的"烟"，然后可将它们收集起来。用此种方法还可制备 Cr，Ti，V，Zr，Hf，Mo，Nb，Ta 和 W 等碳化物超微粒子。通电加热蒸发法有一定的工业发展前景，但是如何提纯纳米产品是其进一步发展的关键。

4. 溅射法

溅射法是在惰性气体或活性气体气氛中，用两块金属板分别作为阳极和阴极。阴极为蒸发用的材料，在两极间充入 Ar（40～250 Pa），两极间施加的电压范围为 0.3～1.5 kV，使之产生辉光放电，放电中产生的离子撞击在阴极蒸发材料靶上，靶材的原子就会从靶材表面溅射出来，溅射原子被惰性气体冷却而凝结或与活性气体反应而形成纳米微粒。溅射法制备纳米微粒的优点是：不需要坩埚，蒸发材料靶放置位置可选（向上或向下），高熔点金属也可制成纳米微粒，可以具有很大的蒸发面，使用反应性气体的反应性溅射可以制备化合物纳米微粒。为了制备某些易氧化金属的氧化物纳米微粒，可通过两种方法实现：一种方法是事先在惰性气体中充入一些氧气，另一种方法是将已获得的金属纳米粉进行水热氧化。用这两种方法制备的氧化物纳米微粒有时会呈现不同的形状，例如，由前者制备的氧化铝纳米微粒为球形，后者制备的则为针状。

5.4.1.2 前驱物为气体或液体的气相法

1. 等离子体化学气相沉积法（Plasma Chemical Vapor Deposition，PCVD）

等离子体化学气相沉积法是在惰性气氛或反应性气氛下，通过直流放电使气体电离产生高温等离子体，从而使原料熔化和蒸发，蒸汽遇到周围的气体就会冷却或发生反应，从而形成纳米微粒。由于在惰性气氛下，等离子体温度高，所以采用此法几乎可以制取任何金属的纳米复合微粒。等离子体化学气相沉积法又可分为直流电弧等离子体法（DC法）、射频等离子体法（RF法）和混合等离子体法。混合等离子体法是采用RF等离子体与DC等离子体组合的方式来获得超微粒子。感应线圈产生高频磁场将气体电离，产生RF等离子体，由载气携带的原料经等离子体加热后反应生成超微粒子并附着在冷却壁上。由于气体或原料进入RF等离子体的空间会使RF等离子弧焰被搅乱，这时通入DC等离子电弧防止RF等离子体受到干扰，使超微粒子的生成更容易。该方法的主要优点是：不会有电极物质（熔化或蒸发）混入等离子体中，产品纯度高；反应物质在等离子体空间的停留时间长，可以充分加热和反应；可以使用惰性气体，产品多样化。

2. 激光诱导化学气相沉积法（Laser Induced Chemical Vapor Deposition，LICVD）

激光诱导化学气相沉积法于20世纪80年代始创于美国麻省理工大学的能源实验室。其原理是：将参加反应的各种反应物气体均匀混合后，经喷嘴形成高速、稳定的气体射流喷入反应室，为防止射流发散，通常在喷嘴外加设同轴保护气体（一般为氩气）管产生同轴氩气流。在喷嘴出口附近，气体射流与高能量的连续激光束垂直正交，反应物气体分子与激光光子流发生交互作用。如果反应物的红外吸收带与激光振荡波波长相匹配，反应物气体分子将有效地吸收激光光子能量，产生能量共振，反应物气体立即由室温升高至反应温度，其加热速度可达 $106 \sim 108$ ℃/s。于是，在激光作用区内形成高温、明亮的反应火焰，反应物瞬间发生分解、化合反应，在气流中均匀地形成许多生成物的超微粒的小核坯。这些小核坯在反应火焰区内继续随气体流动，因相互碰撞、凝聚而不断长大。当它们在气流惯性和同轴氩气流的带动下离开反应火焰区时，被气体快速冷却并停止生长，作为成品微粉进入收集器。而反应的副产物气体以及未反应完全的气体则由真空泵抽走。该方法的优点是：产品纯度高，粉体的粒径均匀，粒径分布窄且形状规则，制备出的粉体表面清洁，粒子间无黏结、团聚弱、易于分散。不足之处主要是：反应原料必须是气体或具有挥发性的有机化合物，并且存在与激光波长相对应的红外吸收带，限制了产品的种类；对于大多数反应体系来说，气体射流与激光束只交叉一次，激光能量的利用率低；反应区尺寸不易过大，使纳米粉体的生产率有限，从而直接导致生产成本偏高。

3. 火焰辅助化学气相沉积法（Flame Assisted Chemical Vapor Deposition，FACVD）

火焰辅助化学气相沉积法的过程包括将液态或气态的前驱体喷射或输送至火焰中燃烧，以达到分散或预混合的目的。液体前驱体在火焰中将被分解或蒸发，并发生化学反应或燃烧，火焰燃烧将提供蒸发、分解和化学反应所需的热能，同时还能加热基底，加强扩散和基底表面对原子的吸附。由此可知，此方法与传统化学气相沉积法最大的不同在于液体前驱体的蒸发方式不同，该方法中前驱体的蒸发、分解及燃烧几乎是同时进行，大大缩短了化学反应时间。

FACVD 采用的燃料是氢气或碳氢化合物。使用碳氢化合物时常常会有烟灰生成，而使用氢气则无杂质，而且过程更快。火焰的温度通常高达 1727℃～2727℃，因为一般进行的是均相气相反应进行粉末的沉积，所以此法常在工业上用于粉体制备。当用于膜的制备时，需改变燃料与前驱体的比例以降低火焰的温度。控制产物晶型、表面形态、粒子尺寸的最主要手段就是控制火焰的温度及其分布、前驱体的选择和其在火焰中的停留时间、燃料与前驱体的比例。在火焰中加入添加剂也可以改变产物的尺寸、结构和形态。

FACVD 可以使用挥发性和非挥发性的前驱物，具有非线性沉积功能，可在立体基底上进行沉积包覆，产物无须后续处理。反应物在分子尺度上能快速混合，其过程所耗时间显著缩短。与传统 CVD 相比，FACVD 在多组分膜的制备中可更好地进行化学计量控制，因为蒸发、分解与化学反应加快了，沉积速率也得到了相应提高。在制备氧化物膜时，可在开放的大气环境中进行操作，无须任何精密反应器或真空系统，故成本相对较低。

4. 化学蒸发凝聚法（Chemical Vapor Condensition，CVC）

1994 年，Chang W 提出一种新的纳米微粒合成技术——化学蒸发凝聚法。他利用这种方法成功地合成了 SiC，Si_3N_4，ZrO_2 和 TiO_2 等多种纳米微粒。

化学蒸发凝聚法是利用气相原料通过化学反应形成基本粒子并进行冷凝聚合成纳米微粒的方法。该方法主要是通过金属有机先驱体分子热解获得纳米陶瓷粉体，利用高纯惰性气体作为载气，携带金属有机前驱体，例如六甲基二硅烷等，进入钼丝炉，炉温为 1100℃～1400℃，气体压力保持在 100～1000 Pa 的低压状态。在此环境下，原料热解成团簇，进而凝聚成纳米微粒，附着在内部充满液氮的转动衬底上，最后经刮刀刮下进入纳米粉体收集器。利用这种方法可以合成粒径小、分布窄、无团聚的多种纳米颗粒。

5. 喷雾热分解法

喷雾热分解法的前驱体为适当的盐溶液、溶胶或悬浮液，通过将这些液体雾化而形成气溶胶液滴，再经过蒸发，伴随着液滴内溶质的浓缩、干燥、沉淀，颗粒在高温下热分解而形成微孔颗粒。目前，各种雾化技术都已有所应用，包括压力、双流体、静电和超声雾化器。这些雾化器的区别在于液滴尺寸、雾化速率以及液滴速度的不同，这些因素将影响喷雾热分解过程中液滴的加热速率和液滴停留时间，从而影响颗粒的特性。气溶胶液滴向颗粒的转变包含多种过程，如溶剂的蒸发、溶解的前驱体沉积以及沉淀颗粒的热分解，而且这些过程在一步内发生。喷雾热分解法的优点是：反应速度快，可以产生高纯的纳米颗粒，颗粒均匀，不需要后续处理。缺点是需要大量的溶剂，并且放大生产较困难。由于高成本的纯溶剂和需要适当处理其的方法设备，以及大量非水溶剂的使用增加了生产费用。

6. 流动油面上真空沉积法

流动油面上真空沉积法的原理是在高真空中将原料用电子束加热蒸发，使蒸发物沉积到旋转圆盘下表面的流动油面上，含有超微粒子的油被甩进真空室沿壁的容器中，然后将这种超微粒含量很低的油在真空下进行蒸馏，成为浓缩的含有超微粒子的糊状物。此方法的主要优点是：可以制备多种金属纳米粒子，平均粒径约为 3 nm，粒径均匀且尺寸可控，分布窄。

5.4.2　液相法

液相法制备纳米材料的特点是先将材料所需组分溶解在液体中形成均相溶液，然后通过反应沉淀得到所需组分的前驱体，再经过热分解得到所需物质。液相法制得的纳米粉体纯度高、均匀性好，设备简单，原料易获得，化学组成控制准确。根据制备和合成过程的不同，液相法可分为沉淀法、微乳液法、溶胶－凝胶法、电解沉积法、水解法、水热合成法等。下面主要介绍前三种方法。

1. 沉淀法

沉淀法是以沉淀反应为基础，根据溶度积原理，在含有材料组分阳离子的溶液中加入适量的沉淀剂（OH^-，CO_3^{2-}，SO_4^{2-}，$C_2O_4^{2-}$）后，形成不溶性的氢氧化物或碳酸盐、硫酸盐、草酸盐等盐类沉淀物，所得沉淀物经过过滤、洗涤、烘干及焙烧，得到所需的纳米氧化物粉体，反应式如下：

$$nA^+ + nB^- \longrightarrow [AB]$$

从晶体稳定存在的热力学出发，晶体最小粒径存在的热力学条件应满足 Kelvin 方程：

$$d_c = \frac{4V_m E_s}{RT\ln S}$$

式中，E_s 为晶体界面能；V_m 为晶体摩尔体积；R 为气体常数；T 为热力学温度；$S = c/c^*$，其中 c 为溶液的浓度，c^* 为溶质的饱和浓度。

为得到纳米晶粒，需要使溶液中的 [AB] 有大的过饱和度；而要使粒度分布均匀，反应器各处都应时刻保持均匀的过饱和度。在制备过程中，反应温度、反应时间、反应物料配比、煅烧温度和煅烧时间、表面活性剂、pH 值等因素对最终产品性能都有重要的影响。

2. 微乳液法

自 1982 年 Boutonnet 首先报道了用肼或氢气还原微乳液水核中的金属盐并制备出 3～5 nm 单分散 Pt，Pd，Au 等贵金属纳米颗粒以来，微乳液法已经发展成为制备纳米材料的一种重要的方法。微乳液通常是在表面活性剂作用下由水滴在油中（W/O）或油滴在水中（O/W）而形成的一种透明的热力学稳定的溶胀胶束。表面活性剂是由性质截然不同的疏水部分和亲水部分构成的两亲分子。当加入水溶液中的表面活性剂浓度超过临界胶束或胶团的浓度 CMC 时，表面活性剂分子便聚集形成胶束，表面活性剂中的疏水碳氢链朝向胶束内部，而亲水基的头部朝向外部接触水介质。在非水基溶液中，表面活性剂分子的亲水基的头朝向内部，疏水基朝向外部聚集成反相胶束或称反胶束。形成反胶束时不需要浓度 CMC，或对 CMC 不敏感。无论是胶束还是反胶束，其内部包含的疏水物质（如油）或亲水疏油物质（如水）的体积均较小。但当胶束内部的水或油池的体积增大，使液滴的尺寸远大于表面活性剂分子的单层厚度时，则称这种胶束为溶胀（Swollen）胶束或微乳液，胶团的直径可在几纳米至 100 nm 之间调节。由于化学反应被限制在胶束内部进行，所以微乳液可作为制备纳米材料的纳米级反应器。

制备微乳液的方法主要有两种：一是 Schulman 法，将烃、水、乳化液混合均匀，向其中滴加醇，使混合液突然变得透明；二是 Shah 法，将烃、醇、乳化剂混合均匀，向其中滴加水，使混合液突然变得透明，即获得微乳液。在微乳液法制备纳米颗粒的过程中，微乳液组成、界面醇含量及醇的碳氢链长、反应物浓度、表面活性剂是影响微粒粒径大小及质量的主要因素。

3. 溶胶－凝胶法（Sol－Gel）

溶胶－凝胶法是制备纳米材料的重要手段。Sol－Gel 可使多组分原料之间的混合达到分子级水平的均匀性，合成温度低，获得的超细粉体纯度高，且其粒度、晶型可以控制。溶胶－凝胶法的基本原理是：前驱体溶于溶剂中形成均匀溶液，溶质与溶剂发生水解或醇解反应，生成物聚集成 1 nm 左右的粒子并形成溶胶，经蒸发干燥转变为凝胶，再经热处理得到所需的晶体材料。前驱体一般是金属醇盐或烷氧基化合物。在采用 Sol－Gel 制备纳米材料的过程中，前驱体或醇盐的形态、醇盐与水以及醇盐与溶剂的比例、溶胶的 pH 值是最终影响纳米材料结构的主要因素。

5.4.3　固相法

固相法合成与制备纳米材料是固体材料在不发生熔化、气化的情况下使原始晶体细化或反应生成纳米晶体的过程。目前，常见的固相法主要有机械球磨法、固相反应法、大塑性变形法、非晶晶化法及表面纳米化法等。

1. 机械球磨法

机械球磨法是 20 世纪 60 年代后期 Benjamin 为合成氧化物弥散强化的高温合金而发展出的一种新的粉末冶金方法。将磨球和材料粉末一同放入球磨容器中，利用具有很大动能的磨球相互撞击，使磨球间的粉末外延、压合、破碎、再压合，形成层状复合体颗粒。这种复合体颗粒再经过重复破碎和压合，如此反复，随着复合体颗粒的层状结构不断细化、缠绕，起始的颗粒层状结构特征逐渐消失，最后形成非常均匀的亚稳态结构。目前，机械球磨法常用的设备为高能研磨机，包括搅拌式、振动式、行星轮式、滚卧式、振摆式、行星振动式等。

机械球磨法的优点是：操作简单，设备投资少，使用材料范围广，而且可能实现纳米材料的大批量生产（乃至吨级）以满足各种要求。机械球磨法的主要缺点是：研磨时来自球磨介质（球与球罐）和气氛（O_2，N_2，H_2O）的污染。使用钢球和钢质容器时，极易被 Fe 污染。污染程度取决于球磨机的能量、被磨材料的力学行为以及被磨材料与球磨介质的化学亲和力。

2. 固相反应法（Solid Reaction，SR）

固相反应法是指由一种或一种以上的固相物质在热能、电能或机械能的作用下发生合成或分解反应而生成纳米材料的方法。固相反应法的典型应用是将金属盐或金属氧化物按一定比例充分混合，研磨后进行煅烧，通过发生合成反应直接制得超微粉，或再次粉碎制得纳米粉体。例如，$BaTiO_3$ 的制备方法为：将 TiO_2 和 $BaCO_3$ 等摩尔混合，在 800℃~1200℃煅烧，发生如下反应：

$$BaCO_3 + TiO_2 \rightarrow BaTiO_3 + CO_2 \uparrow$$

合成 $BaTiO_3$ 后进行粉碎制成纳米粉体。

采用金属化合物的热分解也可制备纳米粉体。如将 $(NH_4)Al(SO)_2 \cdot 2H_2O$ 热分解生成 Al_2O_3 与 $NH_3 \cdot SO_3 \cdot H_2O$，从而制得 Al_2O_3 纳米粉体。固相反应法的设备简单，但是生成的粉容易结团，常需要二次粉碎。

3. 大塑性变形法（Severe Plastic Deformation，SPD）

1988 年，俄罗斯科学家 Valiev R Z 报道了利用大塑性变形法获得纳米和亚微米结构的金属与合金。SPD 可以采用压力扭转（Torsion Straining，TS）和等通道角挤压（Equal-Channel Pressing，ECA）两种方式实现。目前，采用 SPD 已成功地制备出纯金属（Cu，Ni，Fe，Ti，Al，Ag）、金属间化合物（TiAl，Ni_3Al）及 Mg 基和 Al 基合金的块体纳米晶体材料。在大塑性变形过程中，材料产生剧烈的塑性变形，导致位错增值、运动、湮灭、重排等一系列过程，使晶粒不断细化达到纳米量级。这种方法的优点是：可以生产尺寸较大的样品（如棒、板等），样品中不含有孔隙类缺陷，晶界洁净。该法的缺点是：样品中含有较大的残余应力，适用范围受到材料变形难易程度的限制；晶粒尺寸稍大，一般为 100~200 nm。人们正在探索改变压力、温度、合金化等参数，以进一步减小晶粒尺寸。

4. 非晶晶化法（Crystallization of Amorphous Materials，CAM）

非晶晶化法是将非晶态材料（可通过熔体极冷、机械研磨、溅射等获得）作为前驱材料，通过适当的晶化处理（如退火、机械研磨、辐射等）来控制晶体在非晶固体内形核、生长，使材料部分或完全地转变为具有纳米尺度晶粒的多晶材料的方法。我国科学家卢柯等首先在 Ni-P 合金系中将非晶合金晶化得到了完全纳米晶体。随后，非晶晶化法作为一种制备理想的纳米晶体材料的方法而得到了很快的发展。

非晶晶化法有多种类型，按晶化过程和产物可分为多晶型晶化、共晶型晶化等。其中，多晶型晶化指纯组元或者成分接近于纯化合物成分的非晶相晶化成相同成分的结晶相；共晶型晶化指在共晶成分的非晶合金晶化时同时析出两相或多相纳米晶体，如 Ni-P，Fe-B，Fe-Ni-P-B 等的纳米晶化。在非晶晶化法制备的纳米晶体材料中，晶粒和晶界是在晶化过程中形成的，所以晶界洁净，无任何污染，样品中不含微孔隙，而且晶粒和晶界未受到较大外部压力的影响，因此能够为研究纳米晶体性能提供无孔隙和内应力的样品。

非晶晶化法的不足主要表现在必须首先获得非晶态材料，因而选择材料局限于在化学成分上能够形成非晶结构的材料，且大多数只能获得条带状或粉状样品，很难获得大尺寸的块状材料。近年来，随着大块非晶合金研究的迅速发展，非晶晶化法的作用越来越重要，而且它为制造高强度、高韧性的大块纳米非晶复合材料提供了重要的途径。

5．表面纳米化法（Surface Nanocrystallization，SNC）

表面纳米化法是将材料的表层晶粒细化至纳米量级，而基体仍保持原粗晶状态。根据材料表层纳米晶体的形成方式，表面纳米化分为以下三种类型：

（1）表面涂层或沉积纳米化。基于不同的涂层和沉积技术（例如 PVD、CVD 和等离子体方法），被涂材料可以是纳米尺寸的微粒，也可以是具有纳米尺寸晶粒的多晶粉末。这种类型相当于气相法生成纳米材料的方法。

（2）表面自生纳米化。通过机械变形或热处理使材料表面变成纳米结构，而保持材料整体成分或相组成不变。

（3）混合纳米化。在表面纳米层形成后，进一步通过化学、热或冶金方法，产生与基体不同化学成分或不同相的表面纳米层。基于纳米表面层材料的高活性和快扩散的特性，采用混合纳米化技术可使常规方法难以实现的化学过程（如催化、扩散和表面化合等）变得容易进行。

材料表面生成纳米晶层后，不但大幅度提高了块体材料的表面性能（如表面强硬度、耐磨性、抗疲劳性能等），而且表面层的纳米组织可以显著提高其化学反应活性，使表面化学处理温度下降。我国科学家对纯铁进行表面纳米化处理，在几十微米厚的表面层中获得纳米晶体组织，然后在 300℃ 利用常规气体氮化处理实现了表面氮化，获得了 10 μm 厚的氮化层，而未经处理的纯铁需要在 500℃ 才能实现表面氮化。表面纳米化处理使表面氮化技术的适用面（材料和工件种类）大大拓宽。

5.5 纳米材料的性能与应用

5.5.1 力学性能

常规多晶材料的屈服强度或硬度与晶粒尺寸之间的关系用著名的 Hall-Petch 公式表示。它是建立在位错塞积理论基础上，经过大量实验的证实，总结出来的经验公式，即：

$$\sigma_y = \sigma_0 + Kd^{-1/2}, \quad H = H_0 + Kd^{-1/2}$$

其中 K 为正数。这就是说，随着晶粒直径的减小，屈服强度或硬度都增加，它们都与 $d^{-1/2}$ 呈线性关系。对各种纳米固体材料的硬度与晶粒尺寸的关系进行大量研究后，归纳出五种情况：正 Hall-Petch 关系（$K>0$）、反 Hall-Petch 关系（$K<0$）、正-反混合 Hall-Petch 关系、斜率 K 变化、偏离 Hall-Pelch 关系。目前，对纳米固体材料反常 Hall-Petch 关系的解释有三叉晶界的影响、界面的作用、存在临界尺寸等几种

观点。

纳米材料的其他力学性能与传统材料也不相同。纳米晶体材料的弹性模量与普通晶粒尺寸的材料相同。当晶粒尺寸非常小（例如小于 5 nm）时，材料几乎没有弹性。当温度明显低于 $0.5T_m$（熔点）时，纳米晶体脆性材料或金属间化合物的高韧性还没有得到进一步证实。对于塑性金属（普通晶粒），当晶粒尺寸降低到小于 25 nm 的范围内时，韧性明显降低。在一些纳米晶体材料中已经发现，在相对于普通晶粒尺寸的材料更低温度和更高应变速率的情况下会产生超塑性。超塑性是指材料在一定的应变速率下产生较大的拉伸应变。纳米 TiO_2 陶瓷在室温下就能发生塑性变形，在 180℃ 下塑性变形可达到 200%，同时不发生裂纹扩展。纳米陶瓷的硬度和强度也明显高于传统材料。在 100℃ 下，纳米 TiO_2 陶瓷的显微硬度为 1300 MPa，而普通 TiO_2 陶瓷的显微硬度低于 200 MPa。

5.5.2　热学性能

多相纳米体系的热容为体相和表面相的热容之和。因为表面热容为负值，所以随着粒径的减小和界面面积的扩大，多相纳米体系总的热容减小。常规块体材料的熔点、熔解焓和熔解熵一般是常数，但纳米微粒的这些指标随微粒尺寸变化。有一种或几种纳米微粒组成的纳米复合材料往往表现出优异的热学特性，最典型的是由纳米 SiO_2、Al 及 Fe_2O_3 组成的纳米复合材料，与同质量普通大块复合材料相比，其定容燃烧热明显提高，该纳米复合材料加入固体推进剂中后使推进剂的能量明显提高。

5.5.3　光学性能

大块金属具有不同颜色的光泽，这表明它们对可见光范围的各种波长的反射和吸收能力不同。当尺寸减小到纳米量级时，各种金属纳米微粒几乎都呈黑色，即粒度越小，光反射率越低。目前，纳米材料的红外吸收研究是比较活跃的领域，它主要集中在纳米氧化物、氮化物和纳米半导体材料上，如在纳米 Al_2O_3，Fe_2O_3，SnO_2 中均观察到了异常红外振动吸收，对纳米晶粒构成的 Si 膜的红外吸收研究中观察到了红外吸收带随沉积温度增加出现频移的现象，非晶纳米氮化硅中观察到了频移和吸收带的宽化，且红外吸收强度强烈地依赖于退火温度等现象。

纳米材料由于自身的特性，对光激发引发的吸收变化一般可分为两大部分：由光激发引起的自由电子-空穴对所产生的快速非线性部分；受陷阱作用的载流子的慢速非线性过程。其中，研究最深入的为 CdS 纳米微粒。由于能带结构的变化，纳米晶体中载流子的迁移、跃迁和复合过程均呈现出与常规材料不同的规律，因而具有不同的非线性光学效应。目前，硅纳米线阵列的光致发光谱（Photoluminescence，PL）研究也日益引起研究者的关注。例如，Holmes 等报道了硅纳米线在 3.75 eV 时出现了强烈 PL 现象，仅在 1.9 eV 时会偏移到能量较低的波峰，这可能是由表面氧化物层引起的。Qi 等以铁为催化剂，用激光烧蚀硅粉制备了平均直径约 20 nm、无定形氧化硅鞘层厚 3 nm

的本征硅纳米线，并研究了未经处理过的硅纳米线的 PL 特性。

5.5.4　电学性能

由于纳米晶体材料中含有大量的晶界，且晶界的体积分数随晶粒尺寸的减小而大幅度上升，此时，纳米材料的界面效应对剩余电阻的影响是不能忽略的。因此，纳米材料的电导具有尺寸效应，特别是晶粒小于某一临界尺寸时，量子限制将使电导量子化（conductance quantization）。因此，纳米材料的电导将显示出许多不同于普通粗晶材料的电导性能，例如：

（1）纳米晶体金属块体材料的电导随着晶粒度的减小而减小。

（2）电阻的温度系数亦随着晶粒的减小而减小，甚至出现负的电阻温度系数。

（3）金属纳米丝的电导被量子化，并随着纳米丝直径的减小出现电导台阶、非线性的 $I-V$ 曲线及电导振荡等普通粗晶材料所不具有的电导特性。

目前，利用纳米电子学已经成功研制各种纳米器件，单电子晶体管，红、绿、蓝三基色可调谐的纳米发光二极管。利用纳米丝、巨磁阻效应制成的超微磁场探测器也已经问世。同时，具有奇特性能的碳纳米管的研制成功，为纳米电子学的发展起到了关键的作用。碳纳米管是由石墨碳原子层卷曲而成，径向尺寸控制在 100 nm 以下。电子在碳纳米管的运动在径向上受到限制，表现出典型的量子限制效应，而在轴向上不受任何限制。其独特的电学性能使碳纳米管可用于大规模集成电路、超导线材等领域。

纳米技术的发展使微电子和光电子的结合更加紧密，在光电信息传输、存储、处理、运算和显示等方面，使光电器件的性能大大提高。将纳米技术用于雷达信息处理上，可使其能力提高几十倍至几百倍，甚至可以将超高分辨率纳米孔径雷达放到卫星上进行高精度的对地侦察。

5.5.5　声学性能

纳米声学或纳米超声学是正在迅速发展的声学分支，它主要是研究和发展亚微米、纳米尺度的材料和结构中声的激发、传播、接收和操控及其应用的声学理论、实验和传感技术及系统，利用声学技术探索尚未发现的微小世界中的物理现象和规律，推动纳米材料和结构在现代科技中的应用。例如，利用超短的皮秒和飞秒激光脉冲激发和检测亚微米和纳米声波脉冲，是全光学的激发和检测纳米声波的激光超声技术。利用超晶格和量子井等结构研制的光学压电传感器，是与传统的压电换能器相似的传感技术。王际超等研究的纳米多孔二氧化硅气凝胶材料具有独特的声学性能，即随着纳米 TiO_2 含量的不同，对材料的吸声系数在中频范围有不同程度的提高，在低于 1.6 kHz 的范围内，吸声系数可略高于 0.3；而纳米 Al_2O_3（纤维）/环氧树脂复合材料，在低于 1.6 kHz 的范围内，吸声系数可达 0.6。郭航等将共振超声谱技术引入到了 MEMS 领域，运用该技术测定并表征了采用 MEMS 技术制造的氮化硅/硅器件的特性，并在 2006 年的 IEEE 国际超声大会上，提出了碳纳米管声学桥的新概念，进一步将共振超声谱引入纳米技术领域。

5.5.6　磁学性能

磁学性能中矫顽磁力受晶粒尺寸变化的影响最为强烈，当磁性物质的粒度或晶粒进入纳米尺度范围时，其磁学性能具有明显的尺寸效应。矫顽磁力随晶粒尺寸的减小而增加，达到最大值后，随着晶粒的进一步减小，矫顽磁力反而下降。微米晶体的饱和磁化强度对晶粒或粒子的尺寸不敏感，但是当尺寸降到 20 nm 或以下时，由于位于表面或界面的原子占据相当大的比例，其原子结构和对称性不同于内部原子，它将强烈地降低饱和磁化强度。

纳米材料通常具有较低的居里温度，例如 70 nm 的 Ni 的居里温度要比粗晶的 Ni 低 40℃。纳米材料中存在的庞大的表面或界面是引起 T_c 下降的主要原因。T_c 的下降对于纳米磁性材料的应用是不利的。

超顺磁性是当微粒体积足够小时，热运动能影响微粒自发磁化方向而引起的磁性。处于超顺磁状态的材料具有矫顽磁力为零和无磁滞回线的特点。超顺磁性限制对于磁存储材料是至关重要的，如果 1 bit 的信息能在一球形粒子中存储 10 年，则要求微粒的体积在室温下大于 828 nm³，对于立方晶粒，其边长应大于 9 nm。另外，超顺磁性是制备磁性液体的条件。

普通材料的磁阻效应很小，Baibich 等在由 Fe，Cr 交替沉积而形成的纳米多层膜中，发现了超过 50% 的 MR，且为各向同性，呈负效应，这种现象被称为巨磁电阻（Giant Magneto Resistive，GMR）效应。发现具有 GMR 效应的材料主要有多层膜、自旋阀、颗粒膜、非连续多层膜、氧化物超巨磁电阻薄膜五大类。GMR 效应将在小型化和微型化高密度磁记录读出头、随机存储器和传感器中得到应用。

5.5.7　催化性能

以纳米粒子作催化剂，可大大提高反应效率，控制反应速度，优化反应途径，甚至使原本不能进行的反应也成为可能。分子筛是在石化催化中被广泛应用的催化材料，纳米分子筛催化剂由于颗粒细、比表面积大，使得更多的活性中心暴露，有效地消除扩散效应而使催化剂的效率得到充分发挥，并且纳米颗粒外露的孔口多，不容易被积碳堵塞，可以延长催化剂寿命。近年来，基于纳米 SiO_2 的无机/有机催化复合材料的研究取得了突破性进展。例如，有研究者采用溶胶－凝胶组装方法，制备得到 Nafion/SiO_2 复合材料，Nafion 分散于多孔 SiO_2 中，粒径只有 20~60 nm，大大增加了 Nafion 的比表面积，酸中心的暴露百分数比普通 Nafion 提高数千倍，其在丁烯的异构化反应、配位反应，α－甲基苯乙烯的双聚反应中催化活性提高数十倍至数百倍。徐振元等在碳纳米管上负载 Co 制备成碳纳米管/Co 复合催化剂，催化生长碳纳米管，并与以纯碳纳米管作催化剂的样品进行比较。发现以纳米复合催化剂为母体生长出来的碳纳米管的管径均匀且较细，一般在 10 nm 左右。而以表面无金属颗粒的碳纳米管催化剂催化生长碳纳米管时，反应完成后碳纳米管的重量基本没有增加，即无积碳量，这说明表面无金属颗粒的母体不能生长碳纳米管。

5.5.8　吸波性能

纳米粒子对电磁波有强烈的吸收作用，主要有三个方面的原因：①纳米微粒的尺寸远小于红外光波及雷达波波长，因此这种波通过纳米微粒比其他材料微粒更容易；②纳米微粒材料的比表面积比常规微粒大 3~4 个数量级，电磁波的吸收率也比常规材料大；③纳米材料中的原子和电子在微波场的辐照下运动加剧，增加电磁能转化为热能的效率，从而提高对电磁波的吸收性能。

纳米材料在较宽的频率范围内显示出均匀的电磁波吸收：①纳米粒子的量子尺寸效应、宏观量子隧道效应、小尺寸和界面效应，使其对各种波长的吸收带有宽化现象。②纳米材料的量子尺寸效应使纳米粒子的电子能级发生分裂，能够促使新的吸波通道产生。③由于纳米材料具有较强的矫顽磁力，可引起较大的磁滞损耗，有利于将吸收的雷达波等转换为其他形式的能量（光能、电能或机械能）而消耗掉。④磁性纳米粉体在细化过程中处于表面的原子数越来越多，增强了纳米材料的活性。在微波场的辐射下，原子和电子运动加剧，促进磁化，使电能转化为热能，从而增加了电磁波的吸收，并具有透波、衰减和偏振等多种功能。

纳米吸波材料还具有很多优良的性能，例如耐高温、质量轻、强度大、兼容性好、吸波频带宽等特点。因此，纳米吸波材料得到了广泛的应用。例如军事上的飞机隐身技术，它是利用纳米吸波材料优良的吸波性能使雷达或红外探测器发出的电磁波信号无法反射而被其吸收，使这些设备由此无法检测到飞机，从而达到隐身的效果。由于纳米吸波材料质量轻、吸波性好，并且人们也渐渐意识到电磁波的危害，所以由纳米吸波材料制成的衣服也将会成为进行人体防护的一大应用。

5.5.9　传感性能

纳米材料具有巨大的比表面积和界面，温度、光、湿度和气氛的变化均会引起其表面或界面离子价态和电子输出的迅速改变，而且响应快，灵敏度高。因此，利用纳米固体材料的界面效应、尺寸效应、量子效应，可制成传感器。

许多纳米无机氧化物都具有气敏特性，对某种或某些气体有极佳的敏感性能。半导体纳米气体传感器是利用半导体纳米陶瓷与气体接触时的电阻变化来检测低浓度气体。当半导体纳米陶瓷表面吸附气体分子时，根据半导体的类型和气体分子的种类的不同，材料的电阻率也随之发生不同的变化。当半导体纳米材料表面吸附气体时，如果外表面原子的电子亲合能大于表面逸出功，原子将从半导体表面得到电子，形成负离子吸附；反之，将形成正离子吸附。

纳米固体材料具有巨大的表面和界面，对外界环境的湿度十分敏感。环境湿度能迅速引起其表面或界面离子价态和电子运输的变化。利用半导体纳米陶瓷材料的电阻随湿度的变化可制成湿度传感器。例如，$BaTiO_3$ 纳米晶体的导电性随水分变化显著，响应时间短，2 min 即可达到平衡。湿度传感器的湿敏机制有电子导电和质子导电等，例如，纳米 GrO_4-TiO_2 陶瓷的导电机制就是离子导电，而质子是主要的电荷载体，其导电性由于吸附水而增高。

在压敏传感器中，研究和应用日渐活跃的是氧化锌系纳米传感器，由于其具有均匀的晶粒尺寸，它不但适用于低电压器件，而且更适用于高电压电力站，它的能量吸收容量高，在大电流时非线性好，响应时间短，电学性能极好，并且寿命长。

5.5.10　生物医学性能

纳米微粒的比表面积大、表面活性中心多、表面反应活性高，具有强烈的吸附能力、较高催化能力、低毒性以及不易受体内和细胞内各种酶降解等特点，使得其在生物医学等领域中具有很多特殊的效果。

（1）量子点的荧光效应。

清华大学研究人员将量子斑点纳米粒子标记法用于芯片 DNA 检测。其原理是利用半导体量子斑点纳米粒子能共价地交联于 DNA、蛋白质分子而进行标记，其发光性能稳定且发射光谱宽度窄，因而具有超高灵敏度，利于芯片 DNA 的检测。

（2）磁性纳米材料的磁效应。

洪霞等选用葡聚糖包覆超顺磁性的 Fe_3O_4 纳米粒子，通过葡聚糖表面的醛基化实现与抗体的偶联，制得了 Fe_3O_4/葡聚糖/抗体磁性纳米生物探针，在组装有第二抗体和抗抗体的全层析试纸上进行的层析实验表明，该探针完全适用于快速免疫检测的需要，达到了层析免疫检测的目的。

（3）纳米材料的吸附作用。

杨箐等对聚合物纳米粒子在基因治疗中的应用作了探讨，证明了纳米聚合物粒子具有很好的吸附包覆作用，并已将其应用到动物型基因治疗的实验研究中。

（4）基因改性治疗技术。

采用纳米材料作为基因传递系统具有显著优势，新一代的纳米生物技术基因治疗载体，成为基因治疗研究的新热点之一，显示出了良好的发展潜力。

（5）癌症治疗——核磁共振成像技术。

核磁共振成像技术是现代医学中使用较多的一项技术，其使用的纳米微粒主要是纳米级的超顺磁性氧化铁粒子。该技术是因为人体的网状内皮系统具有丰富的吞噬细胞，这些吞噬细胞是人体细胞免疫系统的组成部分。当超顺磁性氧化铁纳米粒子通过静脉注射进入人体后，与血浆蛋白结合，并在调理素作用下被网状内皮系统识别，吞噬细胞就会把超顺磁性氧化铁纳米粒子作为异物摄取，从而使超顺磁性氧化铁集中在网状内皮细胞的组织和器官中。吞噬细胞吞噬超顺磁性氧化铁使相应区域的信号降低，而肿瘤组织因不含有正常的吞噬细胞而保持信号不变，从而可以鉴别肿瘤组织。使用纳米颗粒可检测到的病灶直径从使用普通颗粒的 1.5 cm 减小到 0.3 cm。

5.5.11　流变学性能

流变学是力学的一个新分支，它主要研究物理材料在应力、应变、温度、湿度、辐射等条件下与时间因素有关的变形和流动的规律。纳米微粒的表面效应、小尺寸效应和宏观量子隧道效应等特殊性能使得其在流变学中具有很多特殊的效果。

梁磊等制备的纳米氢氧化铝（ATH）吸水质量高达 200 g，质量分数为 12.9% 的水悬浮液是黏度极高的时变性非牛顿流体。通过添加优化分散剂，得到质量分数高达 60% 且流动性良好的悬浮液，可以大幅度提高纳米 ATH 制备和改性等过程的浓度，节省设备投入并降低能耗。

马沛岚等利用毛细管流变仪研究了聚丙烯（PP）/纳米 $CaCO_3$ 原位复合材料的流变行为，发现材料的表观黏度随剪切速率的增大而降低，但表观黏度对温度的变化不敏感。当纳米 $CaCO_3$ 的质量分数在 3% 以上时，随纳米 $CaCO_3$ 含量的增加，表观黏度明显降低；当纳米 $CaCO_3$ 的质量分数为 3% 左右时，原位复合材料的流动活化能较高，对温度的敏感性也相对较高。

5.6　纳米材料的发展趋势与展望

纳米材料发展至今已经有约 30 年的时间，但纳米材料的制备技术及其新性能的研究和应用却发展迅速，尤其是纳米材料在交叉学科上的应用更是日新月异。未来纳米材料在新能源材料、医学领域、微机电系统等领域将得到高速的发展，纳米技术在国防、科技和人民生活上的应用将超出我们现在的想像，它必将推动第四次工业革命的发展。

参考文献

[1] 王正品，张路，要玉宏. 金属功能材料 [M]. 北京：化学工业出版社，2004.

[2] 李玲，向航. 功能材料与纳米技术 [M]. 北京：化学工业出版社，2002.

[3] 唐元洪. 纳米材料导论 [M]. 长沙：湖南大学出版社，2011.

[4] 张耀君. 纳米材料基础 [M]. 北京：化学工业出版社，2011.

[5] 陈敬中. 纳米材料科学导论 [M]. 北京：高等教育出版社，2010.

[6] 霍洪媛，仝玉萍，李玉河. 纳米材料 [M]. 北京：中国水利水电出版社，2010.

[7] 林志东. 纳米材料基础与应用 [M]. 北京：北京大学出版社，2010.

[8] 汪信，刘孝恒. 纳米材料学简明教程 [M]. 北京：化学工业出版社，2010.

[9] 徐志军，初瑞清. 纳米材料与纳米技术 [M]. 北京：化学工业出版社，2010.

[10] 陈翌庆，石瑛. 纳米材料学基础 [M]. 长沙：中南大学出版社，2009.

[11] 王震平，杨文，刘媛媛. 简述纳米材料制备方法 [J]. 内蒙古石油化工，2009（24）：72－73.

[12] 刘刚，雍兴平，卢柯. 金属材料表面纳米化的研究现状 [J]. 中国表面工程，2001，3（3）：1－5.

[13] 王达健，杨斌，戴永年，等. 纳米材料的合成与制备技术 [J]. 云南冶金，1996，1（1）：38－49.

[14] 邵庆辉，古国榜，章丽娟，等. 纳米材料的合成与制备进展研究 [J]. 兵器材料科学与工程，

2002，25（4）：59—63.

[15] 吴金桥，王玉琨. 纳米材料的液相制备技术及其进展 [J]. 西安石油学院学报：自然科学版，2002，17（3）：31.

[16] 周生刚，竺培显，黄子良，等. 气相法制备纳米材料的研究新进展 [J]. 中国粉体工业，2008（5）：10—15.

[17] 许洁瑜，麦丽碧，黎惠英. 浅析纳米材料的液相制备方法及其表征 [J]. 广东化工，2009，36（7）：101—102.

[18] 丁秉均. 纳米材料 [M]. 北京：机械工业出版社，2004.

[19] 孙伟成. 纳米材料的力学性能 [J]. 兵器材料科学与工程，2003，26（3）：59—62.

[20] Nieh T G, Wadsworth J. Hall—Petch relation in nanocrystalline solids [J]. Scripta Metallurgica et Materialia，1991，25（4）：955—958.

[21] McFadden S X, Mishra R S, Valiev R Z, et al. Low — temperature superplasticity in nanostructured nickel and metal alloys [J]. Nature，1999，398（6729）：684—686.

[22] 郑瑞伦，李建，梁一平，等. Mo 纳米晶热学特性 [J]. 材料研究学报，2009，9（6）：501—504.

[23] 吕百龄. 纳米材料的特性及其应用 [J]. 现代橡塑，2004，16（8）：15—17.

[24] 姜俊颖，黄在银，米艳，等. 纳米材料热力学的研究现状及展望 [J]. 化学进展，2010，22（6）：1058—1067.

[25] 江炎兰，张金春，王杰，等. 纳米材料的性能与应用 [J]. 兵器材料科学与工程，2001，24（6）：64—68.

[26] 李凤生，杨毅，马振叶，等. 纳米功能复合材料及运用 [M]. 北京：国防工业出版社，2003.

[27] 叶敏，解挺，吴玉程，等. 纳米吸波材料及性能 [J]. 合肥工业大学学报：自然科学版，2007（1）：1—6.

[28] 陈蓓京，陈利民，亓家钟，等. 纳米微波吸收材料的研究及其应用 [J]. 功能材料，2004，35（1）：833—836.

[29] 彭勇，陈季香，卢为民. 纳米材料的光学特性研究 [J]. 陕西工学院学报，2003，19（1）：16—18.

[30] 裴立宅，唐元洪，郭池，等. 一维硅纳米材料的光学特性 [J]. 人工晶体学报，2006，35（1）：36—40.

[31] Holmes J D, Johnston K P, Doty R C, et al. Control of thickness and orientation of solution—grown silicon nanowires [J]. Science，2000，287（5457）：1471—1473.

[32] Qi J, White J M, Belcher A M, et al. Optical spectroscopy of silicon nanowires [J]. Chemical Physics Letters，2003，372（5）：763—766.

[33] Saito Y, Nakahira T, Uemura S. Growth conditions of double—walled carbon nanotubes in arc discharge [J]. The Journal of Physical Chemistry B，2003，107（4）：931—934.

[34] Bandow S, Rao A M, Williams K A, et al. Purification of single—wall carbon nanotubes by microfiltration [J]. The Journal of Physical Chemistry B，1997，101（44）：8839—8842.

[35] 石劲松，李晓男，张继红. 纳米材料及其在传感器中的应用 [J]. 新技术新工艺，2001（6）：35—36.

[36] 缪煜清，刘仲明. 纳米技术在生物传感器中的应用 [J]. 传感器技术，2002，21（11）：61—64.

[37] 周李承，蒋易，周宜开，等. 光纤纳米生物传感器的现状及发展 [J]. 传感器技术，2002，21（12）：56—59.

[38] 崔国文. 缺陷、扩散与烧结 [M]. 北京：清华大学出版社，1990.

［39］ Fritz J，Baller M K，Lang H P，et al. Translating biomolecular recognition into nanomechanics ［J］. Science，2000，288（5464）：316－318.

［40］ Vo－Dinh T，Alarie J P，Cullum B M，et al. Antibody－based nanoprobe for measurement of a fluorescent analyte in a single cell ［J］. Nature Biotechnology，2000，18（7）：764－767.

［41］ Dinh T V，Griffin C D，Alarie J P，et al. Advanced nanosensors and nanoprobes ［R］. USA：Foresight Institute，1998.

［42］ Large N. Resonant Raman－Brillouin scattering in semiconductor and metallic nanostructures：from nano－acoustics to acousto－plasmonics ［D］. Toulouse：Université Toulouse III－Paul Sabatier，2011.

［43］ Thomsen C，Strait J，Vardeny Z，et al. Coherent phonon generation and detection by picosecond light pulses ［J］. Physical review letters，1984，53（10）：989－992.

［44］ Lin K H，Chern G W，Yu C T，et al. Optical piezoelectric transducer for nano－ultrasonics ［J］. IEEE Transactions on Ultrasonics，Ferroelectrics and Frequency Control，2005，52（8）：1404－1414.

［45］ 张翊，郭航. 碳纳米管声学桥的分析 ［J］. 功能材料与器件学报，2008，14（2）：521－529.

［46］ 张中太，林元华，唐子龙，等. 纳米材料及其技术的应用前景 ［J］. 材料工程，2000，3（7）：42－48.

［47］ 洪霞，郭薇，李军，等. Fe_3O_4/葡聚糖/抗体磁性纳米生物探针的制备和层析检测 ［J］. 高等学校化学学报，2004，25（3）：445－447.

［48］ 杨菁，宋存先，孙洪范，等. 包载治疗基因的聚合物纳米粒子：I. 纳米粒子制备及动物模型基因治疗实验研究 ［J］. 生物医学工程学杂志，2005，2（3）：438－442.

［49］ 梁磊，郭奋，曹亚鹏. 纳米氢氧化铝的分散与水悬浮液流变研究 ［J］. 北京化工大学学报，2006，33（5）：1－5.

［50］ 马沛岚，苑会林，王永刚. PP/纳米 $CaCO_3$ 原位复合材料流变性能 ［J］. 石化技术与应用，2004，22（1）：55－57.

［51］ Esawi A M K，Morsi K，Sayed A，et al. Effect of carbon nanotube（CNT）content on the mechanical properties of CNT－reinforced aluminium composites ［J］. Composites Science and Technology，2010，70（16）：2237－2241.

［52］ 方华，刘爱东. 纳米材料及其制备 ［M］. 哈尔滨：哈尔滨地图出版社，2005.

［53］ 曹茂盛，曹传宝，徐甲强. 纳米材料学 ［M］. 哈尔滨：哈尔滨工程大学出版社，2002.

［54］ Zhang P F，Jia D C，Yang Z H，et al. Microstructural features and properties of the nano－crystalline SiC/BN（C）composite ceramic prepared from the mechanically alloyed SiBCN powder ［J］. Journal of Alloys and Compounds，2012，537：346－356.

［55］ Xu K J，Sun Q W，Guo Y Q，et al. Effects of modifiers on the hydrophobicity of SiO_2 films from nano－husk ash ［J］. Applied Surface Science，2013，276：796－801.

第6章 梯度功能材料

随着科学技术的发展和社会的进步，对现代材料的使用环境要求也越来越苛刻，越来越极端。单质的传统材料（或一般的复合材料）已经越来越不能适应当代科技发展的需要。梯度功能材料（Functionally Graded Materials，FGM）正式作为一个材料学概念，是在 20 世纪 80 年代为解决高速航天器中材料的热应力缓和问题而被提出的。FGM 通过金属、陶瓷或高分子等材料的有机组合，在两个界面之间采用先进功能材料复合技术，通过控制两种材料的相对构成或组织结构，使其无界面逐渐变化，从而使整个材料具有更好的耐热性、更高的力学性能等新功能。

梯度功能材料由于其"可设计"性，因而具有其他材料不可比拟的物理、化学和力学性能。目前，FGM 在航空航天、生物医学、能源工程、机械工程、电磁和核工程等诸多领域都有着较高的使用价值和较为广阔的应用前景，已成为特殊领域的关键材料，是当前国内外材料领域的研究热点之一。

6.1 梯度功能材料的介绍

梯度功能材料是两种或多种材料复合成的结构和组分呈连续梯度变化的一种新型复合材料。

1984 年，日本学者首先提出了 FGM 的概念，其设计思想：一是采用耐热性及隔热性的陶瓷材料以适应几千度的高温气体环境；二是采用热传导和机械强度高的金属材料，通过控制材料的组成、组织和显微气孔率，使之沿厚度方向连续变化，即可得到陶瓷金属的 FGM。

梯度功能材料是由于航空航天技术的发展而提出的新概念。航天飞机从近地轨道进入大气层时，其飞行速度达 8 M（1 M＝340 m/s），机头尖端和发动机燃烧室温度达 2000℃以上；而燃烧室的另一侧用液氢冷却时，内外侧温差达 1000℃以上，巨大的温差使材料内部产生极大的热应力。将陶瓷涂敷在耐高温金属的表面制成的复合材料，由于金属和陶瓷之间存在明显的界面，界面处材料的热膨胀系数、导热率等性能发生突变。两侧的温差过大，使界面处产生很大的热应力，导致深层裂缝，剥落，使材料失效。而 FGM 是在与高温接触的一侧使用耐热性好、抗氧化性高的陶瓷，温度较低的另一侧采用导热性能好、机械强度高的金属，中间过渡层的组织、结构性能连续变化，即形成梯度分布，从而得到一种非均质材料——FGM。

　　均质金属材料、普通复合材料和梯度功能材料的结构与性能的区别如图 6.1 所示。图 6.1(a)是均质金属材料的微观组织排列示意图，从图中可看出，均质金属材料不存在组织过渡，其组织以及与之相应的功能和性质在材料内部均匀分布；图 6.1(b)是普通复合材料微观组织排列示意图，从图中可看出，材料的两相组成存在明显的异相突变界面，所以材料两侧的物理和化学性能相差较大；图 6.1(c)是梯度功能材料的微观结构排列示意图，从图中可看出，两个表面由不同的材料构成，但在厚度方向的组成按一定规律呈连续性梯度变化，从结构的一个表面到结构的另一个表面的中间组分逐渐过渡。普通复合材料在应用过程中所承受的外界载荷不均一。普通复合材料在两相的界面上存在物理性能失配的问题，在极高温度载荷作用下，层间易产生应力集中，从而出现脱层或者在界面上萌生裂纹、削弱材料性能的现象；同时，普通复合材料中增强体与基体间的热膨胀系数的差异导致材料残余应力的产生。FGM 通过逐渐地梯度性地改变材料组成成分的体积比例，使其在界面上不产生突变，使热应力缓和，材料内部无明显的界面，从而使其比其他复合材料更能满足实际的使用需要。

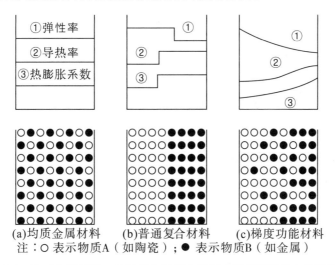

(a)均质金属材料　　(b)普通复合材料　　(c)梯度功能材料
注：○ 表示物质A（如陶瓷）；● 表示物质B（如金属）

图 6.1　均质金属材料、普通复合材料和梯度功能材料结构与性能比较

　　梯度功能材料并不完全是一种新材料，古人很早就根据梯度性思路来炼铁。在日本出土的一把剑刃上，我们可以看到剑锋、剑刃部和主体的颜色是不同的，这说明它们的成分也是不同的。出土于湖北江陵楚墓的春秋晚期的越王勾践剑的主要成分是铜、锡以及少量的铝、铁、镍、硫，剑的各个部位的铜和锡的比例不一样，形成了良好的成分梯度。另外，剑脊含铜较多，韧性好，不易折断；剑刃部含锡量高，硬度大，使剑非常锋利；花纹处含硫量高，硫化铜可防锈蚀。

　　大自然早就把梯度概念引入生物组织中了，例如，动物的骨头就是一种梯度结构，其外部坚韧，内部疏松多孔。另外，厨房使用的菜刀，其刀刃部需要硬度高的材料，而其他部位的材料则应该具有高强度和韧性。

6.2　梯度功能材料的特点及分类

梯度功能材料的主要特征有：①材料的组分和结构呈连续梯度变化；②材料的内部无明显界面；③材料的性质呈连续梯度变化。

梯度功能材料能够以下列几种方式来改善一个构件的热机械特征：①热应力值可减至最小，而且适当地控制热应力达到峰值的临界位置；②对于一给定的热机械载荷作用，推迟塑性屈服和失效的发生；③抑制自由边界与界面交界处的严重的应力集中和奇异性；④与突变的界面相比，可以通过在成分中引入连续的或逐级的梯度来提高不同固体（如金属和陶瓷）之间的界面结合强度；⑤可以通过对界面的力学性能梯度进行调整，降低裂纹沿着或穿过一个界面扩展的驱动力；⑥通过逐级的或连续的梯度可以方便地在延性基底上沉积较厚的脆性涂层（厚度一般大于 1 mm）；⑦通过调整表面层成分中的梯度，可消除表面锐利压痕根部的奇异场，或改变压痕周围的塑性变形特征。

梯度功能材料从材料的组成方式，可分为金属/陶瓷、金属/非金属、陶瓷/陶瓷、陶瓷/非金属和非金属/聚合物等多种结合方式。从材料的组成变化，可分为功能梯度整体型（组成从一侧到另一侧呈梯度渐变的结构材料）、功能梯度涂覆型（在基体材料上形成组成渐变的涂层）和功能梯度连接型（黏结两个基体间的接缝呈梯度变化）。

6.3　梯度功能材料的研究方法

FGM 的研究一般由材料设计、材料合成和材料特性评价三部分组成，如图 6.2 所示。

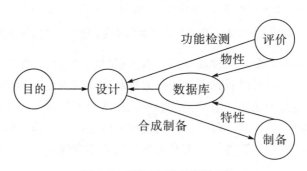

图 6.2　FGM 研究开发体系

6.3.1　材料设计

FGM 设计是根据实际使用要求，对材料的组成和结构梯度分布进行设计。设计过程主要通过计算机辅助设计系统，根据所要设计的物体的形状和工作要求，选择可能的成分组合体系和制备方法，然后根据材料的物性参数和梯度成分的分布函数进行温度分布和热应力计算，最后寻求出应力强度比达到最小值的成分组合体系和梯度分布。

以热防护梯度功能材料为例，其设计程序为：首先，根据热防护梯度功能材料构件的形状和受热环境，得出热力学边界条件，以设计知识库为基础选择可能合成的材料组合和相应的制造方法；其次，选择表示组成梯度变化的分布函数，并以材料物性数据库为依据进行温度和热应力的解析计算，反复直至得到使应力强度比最小的材料的组成和结构的最佳梯度分布；最后，将有关设计结果提交给材料合成部门。

FGM 设计的主要构成要素有以下三点：

（1）确定结构形状、热力学边界条件和成分分布函数。

（2）确定各种材料物性数据和复合材料热物性参数模型。

（3）采用适当的数学—力学计算方法，计算 FGM 的应力分布。

6.3.2　材料合成

1. 粉末冶金法

粉末冶金法是首先将原料粉末按预先设计的成分变化规律以梯度分布方式层积排列，再通过成型工艺压制成梯度预制坯，最后通过致密化工艺使其生成梯度功能材料。粉末冶金法具有设备简单、可靠性高、生产工艺灵活多样等特点。该工艺包括粉末堆积、湿粉喷涂、注浆成型、离心成型等技术。

（1）粉末堆积法。

粉末堆积法是采用粉末铺层技术将原料粉末按所需成分在压膜内逐层填充、沉淀而形成梯度。该法工艺简单，易于生产，但制备的梯度功能材料的组分分布不连续，呈阶梯式变化，积层数目受到限制（实验条件下可达到 10 层），积层厚度通常小于 1 mm，积层面积小于 100 cm^2，且生产效率较低，只适用于实验条件下对梯度功能材料的系统研究。

（2）湿粉喷涂法。

湿粉喷涂法在原料粉末中加入分散剂，搅拌成悬浮液，然后用压缩空气喷射系统将粉末悬浮液喷射到基体上，引入混料系统用于控制粉末悬浮液的流速，通过控制 $X-Y$ 平台的移动方式可以在基体上得到成分连续变化的沉淀层。此工艺的优点是可以得到成分连续变化的粉末积层，控制精度高，粉末积层的最小厚度小于 50 μm。德国已经利用此工艺制备出空隙尺寸呈梯度变化的微孔过滤器。

（3）注浆成型法。

注浆成型法是将粉末分散在水或有机液体中制成相对稳定的悬浮液，将此悬浮液注入一定形状的有空膜腔中，通过模具的吸水作用使悬浮液固化，干燥后热压烧结即可得到 FGM。通过动态控制注入模具内的粉浆配比可得到成分连续变化的试件。该工艺非常适用于梯度材料的批量生产。

（4）离心成型法。

离心成型法是将原料粉末快速注入高速旋转的预制模块中，通过离心作用使粉末沉积在模具壁上，通过动态控制粉末混合比获得连续的成分梯度，然后注入石蜡或聚乙烯醇使离心沉积层定型，再进行切割、压制、烧结。东北大学材料各向异性与织构教育部重点实验室用该方法制备出了无宏观界面的 Al_2O_3/Ni 梯度功能材料，并对料浆调制、成型工艺和烧结过程对梯度功能材料组织及性能的影响进行了系统研究。

2. 等离子喷涂法

因为等离子可获得高温、超高温的热源，非常适合制备陶瓷/金属系 FGM。等离子喷涂法是将原料粉末喷入等离子射流中，利用等离子所产生的高温、超高温热源，使原料粉末在从等离子枪内射出并通过等离子焰时被熔融或部分熔融（极少部分气化），最终在基体上成膜。喷涂过程中通过改变原料粉末的组分，调节等离子射流的温度和流速，就可以在基体上获得不同组分、结构和性质的涂层。

3. 自蔓延燃烧高温合成法（Self-propagation High-temperature Synthesis，SHS）

自蔓延燃烧高温合成法是利用材料本身化学热使材料固结。此方法通过加热原料粉末局部区域激发并引燃反应，反应放出大量的热量一次诱发临近层的化学反应，从而使整个反应自动持续地蔓延下去，利用反应热将粉末烧结成材。这种方法对于制备大尺寸、形状复杂的梯度功能材料极具潜力，且具有产品纯度高、效率高、能耗少、工艺相对简单等优点。但由于不同材料的放热量差异较大，烧结程度不同且烧结过程较难控制，因而影响材料的性能，导致产品孔隙率较大，致密度不高，容易疏松开裂，机械强度不高。针对这些不足，科研人员开展了辅助烧结工艺的研究，如日本东北工业技术实验所采用静水压加压的低压燃烧合成法制备出了高致密度的大体积 FGM；大阪大学采用电磁加压式 SHS 法合成了 TiB_2/Cu 梯度功能材料；哈尔滨工业大学的张幸红等曾报道利用热等静压辅助燃烧合成技术制备出了致密性优良的 TiC/Ni 系 FGM。

4. 气相沉积法

气相沉积法根据沉积过程中沉积粒子的来源不同，可以分为化学气相沉积法（Chemical Vapor Deposition，CVD）和物理气相沉积法（Physical Vapor Deposition，PVD）。

CVD 是将不同的气相均质源输送到反应器中进行均匀混合，在热基板上发生化学反应并使反应产物沉积在基板上，是一种化学气相生长法。这种方法是将含有构成薄膜元素的一种或几种化合物、单质气体供给基体，借助气相作用或在基体表面上的化学反应生成要求的薄膜。该方法通过控制反应气体的压力、组成及反应温度，精确地控制材料的组成、结构和形态，并能使其组成、结构和形态从一种组分到另一组分连续变化。CVD 沉积速度快，工艺灵活，能精确地控制材料的组成、结构和形态，而且气相中的组分和基体表面反应相应的结合强度较高。但由于受沉积室体积的限制，该方法只适用于小尺寸梯度材料的制备。

PVD 是利用热蒸发、溅射、弧光放电等物理过程，使金属加热蒸发沉积在衬底上进行涂层的方法。该方法中，被引入的气体与沉积的金属原子反应形成混合物，通过控制其浓度随时间的变化，产生从金属到化合物的浓度梯度。该方法对基体的热影响小，沉积速度慢，不能连续控制成分分布，所制得的材料致密性较差，而且涂层和基体表面的结合力较低，涂层易剥落。

物理气相沉积技术和化学气相沉积技术已经广泛应用于航空航天、化工、能源、生物工程等领域。同时，为了使材料具有更优异的性能，科研人员将该工艺和其他表面工程技术相结合，开发出了一系列改进技术：电子束物理气相沉淀技术（EB−PVD）、离子束增强物理气相沉淀技术（IBEB）、燃烧化学气相沉淀技术（CCVD）、物理化学沉淀技术等。日本东北大学金属材料研究所使用 CVD 法，通过控制原料气体的 SiC 和 C 的比例，合成了厚度为 0.4 mm 的 Si/C 系梯度功能材料，由激光冲击实验的结果表明，该材料拥有极其优良的耐冲击性能。

5. 激光熔覆法

激光熔覆法是先将预先设计好组分配比的混合粉末 A 放置在基底 B 上，再以高功率的激光入射至 A 并使之熔化，便会产生与 B 发生合金化的 A 薄涂层，并焊接到 B 基底表面上，形成第一包覆层，然后将混合后的粉末通过激光喷嘴喷涂于基体上，通过改变激光功率、光斑尺寸和扫描速度来加热，在基体表面形成熔池，最后在此基础上进一步通过改变成分向熔池中不断布粉，重复以上过程即可得到梯度涂层。此工艺可以在具有任意曲面的部件上进行涂层，控制精度高，制备时间短，基体变形小，涂层和基体可呈冶金结合，但此方法设备复杂、昂贵。Zbbpod J H 等利用此技术在纯 Ti 金属基片上熔覆 Ti−Al 合金，制备出了含有 4 个均匀层状结构，且材料组分由纯 Ti 过渡到 Ti−4.5％Al 的梯度涂层。

6. 离心铸造法

离心铸造法是利用铸型旋转产生的离心力使溶液中密度不同的增强体和基体合金分离至内层或外层，使凝固后的成分组织呈现一种或多种成分梯度变化的工艺方法。该方法通过改变转速、颗粒大小、加工时间、温度和密度来控制成分的梯度分布。

在离心成型过程中，由于其尺寸和密度的不同，颗粒在流体中的沉降速度不同，所以在坯体的某些部分将发生优先沉淀，即颗粒的分布具有选择性。因此，离心铸造法在梯度功能材料的制备中具有先天的潜在优势。除此之外，此工艺设备简单，生产效率高，成本低廉，可使用常规原材料，合成的梯度功能材料稳定，并且能够制备高致密度、大尺寸的梯度功能材料。日本鹿儿岛大学的 Yasuyoshi Fukui 等利用离心铸造法使熔融金属中均匀分散的 SiC 颗粒产生离心沉降，制备出金属/陶瓷梯度功能材料。

7. 电沉积法

电沉积法是一种低温下制备 FGM 的化学方法。该法利用电镀的原理，将所选材料的悬浮液置于两电极间的外场中，通过注入另一相的悬浮液使之混合，并通过控制镀液流速、电流密度或粒子浓度得到 FGM 膜或材料。

涂层的性质、成分分布与电解液的性质、电流密度及电解液中陶瓷颗粒的种类、尺寸、体积分数和导电率等有关。此工艺设备简单，成本低廉，且对所镀材料的物理力学性能破坏较小，非常适用于制备薄箱型 FGM。Cengiz Kaya 利用此方法从纳米溶胶中制备出了 $Al_2O_3−Y−TZP/Al_2O_3$ 管状梯度功能材料，其内层因 $Al_2O_3−Y−TZP$ 的梯度分布而具有良好的韧性，而外层因纯 Al_2O_3（厚 100 μm）的存在而具有优良的抗磨损性能。

总之，采用不同的制备工艺都有其利弊，所制备出的梯度材料的组成、尺寸和微观结构也各有其特点。梯度功能材料合成总的研究趋势如下：

（1）开发自动化程度高、操作简便的制备技术。

（2）开发大尺寸和形状复杂的 FGM 制备技术。

（3）开发更精确控制梯度组成的制备技术。

（4）深入研究各种先进制备工艺机理，特别是其光、电、磁特性。

6.3.3 特性评价

自 1984 年日本学者提出 FGM 这一概念以来，梯度功能材料在制备方法、加工工艺、加工设备等方面的研究取得了较大进展，但是其表征技术的发展则相对滞后，这是因为现有的表征技术普遍都是针对均质材料发展而来的，而梯度功能材料是一种非均质材料。因此，如何科学地表征材料的梯度结构以及评价因此而产生的渐变性能，成为该领域的研究难题。

纵观二十几年来各国研究者的研究，可以发现大多数学者都采用了顺序取样法，即沿制品梯度方向有规律地进行取样，通过考察所取系列样品的组分分布、微观形态和性能，来反映材料的组成、结构和性能在梯度方向上的变化趋势。在表征技术方面，主要借助了形态观测、光谱学等方法分别对材料的表层和断面进行分析。同时，对材料的力学性能、热性能、电学性能和光学性能等的测试也被用来间接表征试样的化学组成和微观结构等。近年来，随着测试方法的不断改进，显微红外光谱、电子能谱等连续扫描技术被应用到梯度功能材料的表征中，从而给梯度功能材料的表征带来新的曙光。

FGM 由于呈梯度变化的组成和性能与传统材料具有很大的差异，因而不能采用常规的测试方法来评价其性能。目前对 FGM 的特性没有统一标准，日本、美国正致力于制订统一标准的研究。梯度功能材料的特性评价涉及热力学、流体力学、传热学、材料学等多门学科。评价方法主要集中在梯度功能材料的力学性能和耐热性能上。

目前已开发出局部热应力试验评价、热屏蔽性能评价、热性能测定和机械强度测定等四个方面。但这些评价技术还停留在梯度功能材料试验测定等基础性的工作上。

热疲劳特性评价可通过梯度材料在一定温度下的热传导系数随热循环次数的变化来进行。隔热性能评价是通过模拟实际环境进行试验，测定材料在不同热负荷下的导热系数来加以评价。热冲击性能评价通常是通过激光加热法和声发射探测法共同来确定的。超高温机械强度评价是在 2000 K 以上的温度下，测定梯度材料的破坏强度，并建立相应标准。

例如，热防护梯度材料的特性评价的主要方法和内容如下：①采用激光加热冲击法及声发射探测法，确定梯度功能材料的热冲击性能；②在 2000 K 以上的环境中，测定其破坏强度，以考察其耐超高温机械强度；③在 2000 K 高温条件下，通过模拟真实运行环境的风洞试验，考察其热疲劳机理和热疲劳寿命；④通过高温落差基础试验和模拟实际环境下的隔热性能和耐久试验来评价其隔热性能；⑤采用激光超声波等方法来评价其局部热应力分布。

6.4　梯度功能材料的分类

　　由于梯度功能材料可以自由设计，所以其涉及的种类及应用领域很多，下面介绍两种梯度功能材料，以便了解其研究的方法。

6.4.1　Cu 基梯度功能材料

　　目前，工业上常用的电导功能材料是银基合金材料，但是银是一种昂贵的稀有金属。近年来，银的消耗量逐年增加。据国家机电部统计，1990 年国内仅用于电触头生产的银耗量约为 1000 余吨，价值 11 亿元人民币，全世界仅电触头生产的银耗量每年在数万吨以上，耗银量相当巨大。因此，为减少银的消耗，科研工作者不断寻求以铜代银的技术途径。

　　铜及铜合金是重要的金属功能材料，它具有多方面极为可贵的优良性能，诸如仅次于银的导电性、导热性，优良的耐海水腐蚀和大气腐蚀的性质。铜较易与其他元素形成合金，从而提高其力学、物理性能，与其他金属相比，铜很容易从大自然中提取。由于铜具有面心立方晶格，很容易进行塑性变形，所以可以获得各种形状的铜制品。铜的再生金属可直接返回利用，具有很高的使用和回收价值。作为导电、导热功能材料，铜被广泛应用于工业生产。但铜的强度低，耐热性、耐磨性差，高温下易软化变形。随着信息技术的不断发展，微电子工业对导电金属材料的要求越来越高，要求导电金属材料既具有高导电性，又具有高强度、耐高温性能以及良好的耐磨损性能。纯铜及现有铜合金在高导电率和高强度方面难以兼顾，也难以满足更高的性能要求。

　　目前的 Cu 基梯度功能材料主要由铜和另一种金属材料制成，例如 Cu－Mo、Cu－W系列梯度功能材料等。Cu－Mo 系 FGM 的一面是钼，另一面是铜，中间是成分逐渐过渡的钼铜复合层。其优点是能够很好地缓和由于钼与铜物性上的差异而造成的巨大热应力，整体具有较好的力学性能、导电导热性、抗烧蚀性、抗热疲劳等性能，使其能够承受很大的热变动和机械应力，而且可以充分发挥钼和铜各自的特点。

　　钨铜梯度功能材料是近年来兴起的一种新型钨铜复合材料，其一端是高熔点、高硬度、低热膨胀系数的金属钨或低含铜的钨铜；另一端是高导热、高导电、塑性好的金属铜或是高含铜的钨铜；中间是组成呈梯度变化的过渡层。这种新型非均质复合材料将钨和铜的不同性能融为一体，能够很好地解决因熔点相差较大而存在的连接问题，很好地缓和钨和铜之间的热应力，有利于钨和铜充分发挥各自的本征特征，获得较好的力学性能、抗烧蚀性、抗热震性等综合性能。钨铜梯度功能材料的这些优点拓展了其应用领域，吸引了研究者们的兴趣。尤其是在等离子部件及电子材料领域中的应用，其既能承受高能热流的冲击，又能很好地解决与陶瓷基板的封接问题。此外，在高温条件下，铜蒸发吸热会产生自冷却作用。但是，钨铜梯度功能材料的制备工艺情况不太乐观，现有的制备工艺主要以熔渗法和粉末冶金法为主，但在一定程度上都存在着不足。

6.4.2　Ti 基梯度功能材料

Ti 基梯度功能材料作为现代材料中的新型复合材料，是通过 Ti 与陶瓷、金属或聚合物的复合，根据具体的使用要求以及结构计算，制备在空间、组分上呈连续梯度变化的非均质复合材料。由于其发挥了 Ti 密度小、强度高、良好的韧性和可加工性的特点以及 Ti 与其他材料的复合性能，Ti 基梯度功能材料发挥着越来越大的作用。Ti 基梯度功能材料的这种结构设计可以极大地减小热应力值，提高界面结合强度，增大涂层的可沉积厚度，降低裂纹扩展动力。Ti 基梯度功能材料最初用于航天工业。Ti 与超热陶瓷材料的结合，将 Ti/陶瓷的梯度功能材料应用在火箭推进器燃烧室的内壁上，其热循环寿命明显高于无梯度功能涂层的寿命。近年来，Ti 基梯度功能材料的研究与应用都有了很大发展，在航空航天、海洋、电子、冶金、建筑、医药等都有广泛的应用，其应用前景巨大。

Ti 基梯度功能材料由于其结构的设计是根据在厚度方向上成分的逐步变化来改变其性能的，所以材料的热学、力学和断裂等性能会发生很大的变化。有限元分析，动态、静态载荷测试等方法被用于分析 Ti 基梯度功能材料的性能。有限元分析通常被用于分析组分最优化来提高材料抗热载荷性能。此外，有限元分析模型表明金属成分的热导系数对热载荷产生的温度分布有重要影响，基本成分的适当分布使最高温度降低。

6.5　梯度功能材料的应用

FGM 在航空航天，机械工程，生物工程，光、电、磁工程，能源及电气工程，化学工程等领域都有着潜在的应用。

1. 航空航天领域

航天飞机推进系统的燃烧器热负荷极大，而且要有高可靠性、耐久性、长寿命。而目前的航天发动机受高热负荷以及由此而产生的热应力影响，使用寿命受到很大限制。日本学者将 PSZ/Ti 的梯度功能材料应用在火箭推进器燃烧室的内壁上。结果表明：具有梯度功能涂层的燃烧室的热循环寿命明显高于无梯度功能涂层。梯度功能涂层在航空涡轮发动机叶片上的应用使其具有优良的耐磨性、耐蚀性和耐热性。梯度功能材料在燃烧室内衬上的应用提高了其耐磨性。梯度功能材料是未来航天发动机的理想材料。

2. 机械工程领域

在机械工程领域，外硬内韧的梯度切削刀具有良好的综合性能，其使用寿命长，切割效率高，与硬质合金刀具相比，其耐磨性提高了 2 倍，使用寿命提高了 5 倍；梯度自润滑轴承解决了基体强度与孔隙度之间的矛盾，与均质自润滑轴承相比，梯度自润滑轴承的极限 PV 值由 20 Pa·m/s 提高到 40 Pa·m/s，使用寿命提高 2 倍多；将梯度功能涂层应用在抛光刀具、微型钻头上，可使其冲击韧性和使用寿命得到较大幅度的提高；梯度功能材料在地质钻探工具上的应用实现了地质钻探工具高强度、高韧性、高耐磨性的统一，使其具有优异的综合性能。

3. 生物工程领域

动物的牙齿、骨头、关节等都是无机材料和有机材料的完美结合，其质量轻、韧性好、硬度高。用梯度功能材料制作的牙齿、骨头、关节等可以较好地接近以上要求。

将梯度功能生物体植入材料应用在植牙中，可以使治愈时间缩短，齿根牢固，不易破坏。例如，应用梯度功能材料制成的牙齿，埋入生物体内部的部分由多孔质的且和人体有良好相容性的陶瓷组成，露出的外部是硬度高的陶瓷，为保持强度，中心部分由高韧性的陶瓷组成。梯度功能材料应用在人工骨关节上，可使假体与骨之间具有很强的结合力并耐用，表现出良好的生物相容性。另外，还具有良好的自愈合、修复、再生等特性。

4. 光、电、磁工程领域

在光、电、磁工程领域，梯度封接合金材料在电真空器件中用于封接石英玻璃外壳及金属电极，它既具有与钨极一样的导电性，又能与灯壳达到匹配封接，并保证灯壳与电极间的绝缘性，从而提高了大功率灯泡的使用寿命。梯度功能折射材料在大功率激光棒、复印机透射、光纤接口中的应用，可得到较好的光电效应并缓和了热应力。梯度功能材料在磁盘、永磁体、电磁体、振荡器上的应用，可减小体积和质量，提高综合性能。

5. 能源及电气工程领域

在能源及电气工程领域，梯度耐辐射材料在核聚变反应器中的应用表现出良好的热应力松弛效应。核聚变反应容器用耐辐射性的材料——陶瓷作为容器壁的内侧，用导热性好且强度高的材料——金属作为外侧，两层之间设置原子成分不同的多层陶瓷，并且两种材料的接合面处连续变化。这样的结构有助于减少界面热传导或热膨胀所产生的应力。

梯度热电能转换材料在探测器电源上的应用使其发电能力提高了 10%，在发电系统的发射极上的应用使其热应力得到了巨大的缓和，即使在 $1860\,℃$ 下也不会发生龟裂，在该系统的低温电极端的放热基板上的应用表现出了高的热传导率和高的辐射放热率。

对称梯度材料具有较高的热传导率、电绝缘性及优异的平面内导电率和很高的热电转换效率，可应用于高能热电源转换系统。

6. 化学工程领域

化学工程梯度功能材料主要用于化学工业中的高性能分离膜和催化剂以及耐腐蚀的反应容器。

6.6　结束语

梯度功能材料应用范围广泛、性能特殊、用途各异，但其也存在一些问题，主要表现在以下四个方面：

（1）需要进一步地研究和探索统一、准确的材料模型和力学模型。

（2）已制备的梯度功能材料样品的体积小、结构简单，还不具有较高的实用价值。

（3）梯度功能材料特性评价研究的广度和深度还不够，很多实际问题没有解决，在航空航天领域的应用模拟研究有待进一步提高。

（4）梯度功能材料的生产成本高。

从发展趋势来看，梯度功能材料的研究将从材料设计、材料制备、材料性能评价三个方面展开。而这三个方面也需要进一步改进和完善。

材料设计：将一些新的方法和技术如神经网络、智能算法等加以应用，设计理论会更完善。

制备技术：大规模和形状复杂的 FGM 制备技术亟待开发。

性能评价：建立合适的评价标准，并进一步开发和完善评价的方法和设备。

FGM 能有如此广泛的应用，在很大程度上取决于其制备方式的多样性，而制备技术的快速发展也拓宽了新材料的研究思路。目前对于 FGM 的研究大体上处于基础性研究阶段，主要集中在制备方法的可行性、制备过程的模拟、制备后性能的检验以及制备过程中各因素对最终性能的影响。国内具有针对性的应用目标和相应理论的研究还不多，对 FGM 也没有统一的评价标准和认证体系。若将梯度材料与传统材料、复合材料、仿生材料、智能材料等有机地结合起来，将会给材料科学领域带来新的活力，而且对下一代新型材料的开发和研究具有十分重要的指导意义。

参考文献

[1] 王正品. 金属功能材料 [M]. 北京：化学工业出版社，2004.

[2] 贡长生，张克立. 新型功能材料 [M]. 北京：化学工业出版社，2001.

[3] 周鑫我. 功能材料学 [M]. 北京：北京理工大学出版社，2002.

[4] 訾克明，陈劲松. 梯度功能材料的制备与应用 [J]. 热加工工艺，2012，41（22）：141−144.

[5] 马涛，赵忠民，刘良祥，等. 梯度功能材料的研究进展及应用前景 [J]. 化工科技，2012，20（1）：71−75.

[6] 黄敬东，吴俊，王银平. 梯度功能材料的研究评述 [J]. 材料保护，2002，35（12）：8−10.

[7] 程继贵，雷纯鹏，邓莉平. 梯度功能材料的制备及其应用研究的新进展 [J]. 金属功能材料，2003，10（1）：28−33.

[8] 续晶华. 功能材料的制备方法与性能评价 [J]. 热加工工艺，2009，38（18）：57−60.

[9] 卜恒勇. 功能材料的制备与应用进展 [J]. 材料导报，2009，12（23）：109−112.

[10] Sanchez A J, Moreno R. Electrical transport properties in zirconia/alumina functionally graded materials [J]. Journal of European Ceramic Society，2000，20（10）：611−620.

[11] 宦春花，温变英. 梯度功能材料表征技术研究进展 [J]. 材料导报，2010，24（5）：181—185.

[12] 徐娜，李晨希，李荣德，等. 梯度功能材料的制备、应用及发展趋势 [J]. 材料保护，2008，41（5）：54—58.

[13] 卜恒勇，赵诚，卢晨. 梯度功能材料的制备与应用进展 [J]. 材料导报，2009，23（12）：109—112.

[14] 齐艳飞，李运刚，田薇，等. W/Cu 梯度功能材料的制备及应用 [J]. 硬质合金，2012，29（6）：393—400.

[15] 郑志强. 铜基梯度功能材料的研究 [D]. 天津：天津大学，2007.

[16] 陈艳林，曾成文，严明. Ti 基梯度功能材料的研究进展 [J]. 材料导报，2012，26（5）：267—280.

第 7 章　非晶态合金

非晶态合金是指固态时其原子的三维空间成拓扑无序排列，并在一定的温度范围内，这种状态保持相对稳定的合金，其结构类似于玻璃的无固定形态，也称为金属玻璃。非晶态合金与传统氧化物玻璃不同，合金中原子间的结合是金属键而不是共价键，所以许多与金属相关的特性被保留。例如，非晶态合金韧性好、不透明，与氧化物玻璃的脆且透明的特征不同。在一定程度上可以认为非晶态结构是无缺陷的，而不是像晶体材料那样有位错和晶界等。无缺陷结构对材料性能有重要影响，其优点是可以达到理论强度、超高耐蚀性、优异磁性性能和在一定温度下的超塑性。图 7.1 为晶态、非晶态物质结构和常见晶态、非晶态物质。

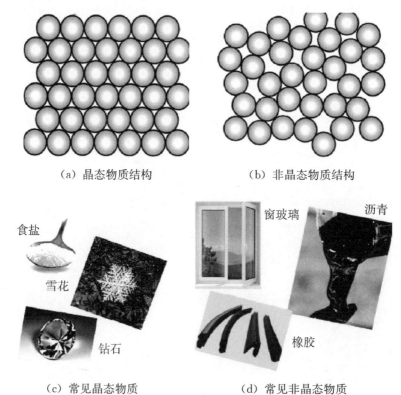

（a）晶态物质结构　　　　　　　（b）非晶态物质结构

（c）常见晶态物质　　　　　　　（d）常见非晶态物质

图 7.1　晶态、非晶态物质结构和常见晶态、非晶态物质

早在 20 世纪 20 年代，科学家就已经开始探索人工制备非晶态合金的方法和途径。最早报道制备出非晶态合金的是德国科学家 Krammer，他采用气相沉积法首次制得非晶态合金膜。1950 年，Brenner 等采用了完全不同的方法——电沉积法制出了 Ni-P 非晶态合金。这种方法至今仍被用于制备耐磨和耐腐蚀的非晶态合金涂层。1954 年，Buckel 和 Hilsch 用气相沉积法，将纯金属 Ga 和 Bi 的混合蒸汽快速冷凝到温度为 2 K 的冷板上，也获得了非晶态合金薄膜。但是，这些非晶态合金薄膜的晶化温度都低于室温，不能成为实用的材料，也很难对其各种性能进行研究。因此，人们对非晶态合金的科学问题、非晶态物理以及结构的研究远不及晶态材料那样深入。1955 年，人们研究了含 As，Te 非晶半导体的制备方法，并发现非晶半导体具有特殊性能。在制备和探索非晶态合金的同时，非晶态形成理论的研究在 20 世纪 50 年代取得重大突破。Turnbull 等研究了合金液态过冷度对非晶态合金形成的影响，提出了非晶态合金的形成判据，初步建立了非晶态合金的形成理论，为非晶态合金材料及其物理研究的发展奠定了基础，揭开了非晶态合金物理研究的序幕。Anderson P W 研究了非晶态固体的电子态，提出非晶态固体中电子"定域"特性，并因此获得 1977 年诺贝尔物理学奖。1958 年，在美国 Alfred 大学召开了第一次非晶态固体国际会议，进一步推动了非晶材料和物理研究的发展，迎来了 20 世纪 60 年代非晶材料发展的高潮。这个时期非晶材料研究的主要成就为：实验证实可以获得非晶态合金，以 Turnbull，Anderson 为代表的科学家发展了非晶态合金形成和电子结构理论。

1960 年，加州理工学院的 Duwez 教授等发明了熔体快速冷却的凝固方法（急冷法），即将高温合金熔体喷射到高速旋转的铜辊上，以每秒约 100 万摄氏度的超高速度冷却熔体，使金属熔体中的无序原子来不及重排，从而制得了 Au-Si 非晶态合金条带，这种不透亮的非晶态合金开创了非晶态合金研究和应用的新纪元，掀起了非晶材料和物理研究的高潮。几乎与此同时，苏联科学家也报道了制备非晶态合金的类似装置。一个新生事物的出现往往要受到抵制和嘲弄，Duwez 的 Au-Si 非晶态合金就曾被人称作"愚蠢的合金"。直到不久后，Pond 和 Maddin 发明了制备具有一定连续长度的非晶态合金条带的技术，使这种材料能够低成本地大量生产，人们才逐渐认识到这类材料的重要性，从而形成了非晶态合金发展的第一个高潮。20 世纪 70 年代，非晶态合金的研究在学术研究上和应用上都是非常活跃的领域。很多不同体系和种类的二元或三元非晶态合金（如临界冷却速率较低的 Zr 基非晶态合金、Pd 基非晶态合金和具有很高强度的 Al 基非晶态合金等）被合成出来。1971 年，陈鹤寿等采用快冷连铸轧辊法制成多种铁基非晶态合金的薄带和细丝，并正式命名为"非晶态合金（Metglas TM）"，同时以商品形式出售，在世界上引起了很大反响。之后，他们又制备出许多软磁性能优异的非晶薄带，如 Fe 基非晶态合金，具有优良的软磁性能和高有效磁导率，并且电阻率远比晶态合金高，因此可大大降低变压器的损耗和重量，提高使用频率。目前，这种材料已经在电力转换（如变压器）等领域得到了广泛应用。美国 Allied Chemical Corporation 研发出每分钟 2000 m 的高速非晶态合金连续生产线，从而达到商业化生产非晶态合金的目的。1994 年，非晶态合金的年产量达到了 4 万吨。最近，我国钢铁研究总院的国家非晶微晶合金工程技术研究中心也成功研制出万吨级非晶条带生产线，大大促进了非晶态合金材料在我国各领域的应用。另外，大型非晶态合金变压器也已经在日本开始了商业应用，国内一些企业也对此开始了重点攻关和研究。

7.1 非晶态合金的分类

制备非晶态合金的关键在于获得足够高的冷却速度，将液态或气态的无序排列状态保留到室温附近，并阻止原子的进一步扩散迁移转变为晶态。因此，首先要提高合金材料的非晶形成能力，其次是采用新技术获得更高的冷却速度。合金比纯金属更容易获得非晶态，一般的合金形成非晶材料需要约 $10^6 ℃/s$ 的冷却速度，而纯金属获得非晶态的能力极差，要求冷却速度达到 $10^{10} ℃/s$。从热力学和结晶学角度来看，为提高合金的非晶形成能力，一般要求：

（1）组元原子半径差超过 10％（尺寸效应），可以构成更紧密的无序堆积、更小的流动性。

（2）组元元素的电负性有一定差异（合金化效应），但是电负性差异过大易形成稳定的化合物，过小不易形成非晶体。

（3）一般处于相图上的共晶或包晶点成分附近，因而熔点较低，结构较复杂。

（4）提高非晶态的玻璃化温度 T_g，使合金更容易直接过冷到 T_g 以下而不结晶。

（5）增大熔体的黏度和结构的复杂性，提高原子迁移的激活能，使其难于结晶。

（6）降低非均匀形核率。

目前，材料学家从合金的成分、制备工艺和应用性能等方面出发，已经开发出一些非晶合金体系。

7.1.1 Fe 基非晶合金系

Fe 基非晶合金力学性能优异，强度可以达到 4000 MPa 以上，它还具有优良的软磁特性、极低的矫顽磁力、高饱和磁感应强度，用其代替硅钢制造变压器铁芯可大大降低铁芯损耗，有效节约能源。由于其高频磁导率较高、磁致伸缩率高、电感大、铁芯损耗低、温升小等，所以可用作各种高频功率器件、压力/磁/温度传感器、扼流圈、互感器、专用集成电路芯片和电磁屏蔽器件等的制备材料，另外，还可用于高耐磨音频视频磁头和高频逆变焊机上，使电源工作频率和效率提高。Fe 基非晶合金系包括 Fe-(Al, Ga)-(P, C, B, Si, Ge)，(Fe, Co, Ni)-(Zr, Nb, Ta, Hf, Mo, Ti, V, W)-B，Fe-Co-Re-B，Fe-(Cr, Mn)-(Mo, Co)-(C, B)-(Er, Y)。

7.1.2 Mg 基非晶合金系

在所有的结构金属中，镁的密度最低，纯镁的密度仅为 1.738 g/cm^3。镁合金具有比强度、比刚度高，减振性、电磁屏蔽和抗辐射能力强，易切削加工，易回收等优点，被称为 21 世纪的绿色工程材料。自从具有较大玻璃形成能力的 Mg 基非晶合金的制备方法不断完善之后，一系列具有较大非晶形成能力的 Mg 基非晶合金被开发出来，如

Mg—Cu—Zn—Y，Mg—Cu—Ag—Y，Mg—Cu—Ag—Gd，Mg—Cu—Y—Gd，Mg—Cu—Ni—Zn—Ag—Y 和 Mg—Cu—Y—Ag—Pd 等，其中 $Mg_{54}Cu_{26.5}Ag_{8.5}Gd_{11}$ 非晶态合金的直径的临界尺寸达到了 25 mm。

Mg 基非晶合金具有普通镁合金无法比拟的力学性能，如高的断裂强度。非晶态 Mg—Cu—Zn—Y 合金的压缩强度可以达到 880 MPa，是晶态合金的 2～3 倍。此外，Mg 基非晶合金的密度很低，比强度高，耐蚀性也得到了改善，这些优异的特性预示了 Mg 基非晶合金具有广阔的应用前景，因而日益受到人们的重视。但是，Mg 基非晶合金存在一些问题，主要是在进行压缩试验时，Mg 基非晶合金往往在达到弹性极限之前就由于试样内部的微小裂纹而发生脆性断裂，这也严重限制了 Mg 基非晶合金在工程结构材料中的应用。

7.1.3　稀土基非晶合金系

稀土基非晶合金系主要包括了 La 基、Nd 基、Pr 基、Ce 基、Er 基、Gd 基、Sc 基、Dy 基和 Tb 基等非晶合金。

La 基非晶合金系主要是 La—Al—Cu，La—Al—Ni，La—Al—Ni—Cu，La—Al—Ni—Cu—Co 等。La 元素的摩尔分数在 55% 到 65% 之间。目前，$La_{62}Al_{15.7}(Cu,Ni)_{22.3}$ 获得的非晶态合金的样品尺寸最大，达到了 11 mm，但是这种合金的过冷液相区并不大，仅有 38℃。$La_{66}Al_{14}(Cu,Ni)_{20}$ 单相非晶合金的压缩断裂强度为 643 MPa，是 La 系晶态合金压缩断裂强度的 9～10 倍。Nd 基和 Pr 基非晶合金中，Nd—Fe—Al 和 Pr—Fe—Al 合金是目前发现的为数不多的几种具有较好硬磁特性的块体非晶态合金系统，且其过冷区域和非晶形成能力较大。

7.1.4　Co 基非晶合金系

以箔带或丝等产品形式存在的传统 Co 基非晶合金作为软磁材料已经在工程上得到广泛应用。按成分的不同，Co 基非晶软磁合金可以分为以下 3 种体系：

（1）钴（铁，镍）—类金属合金系。类金属元素多为 B，Si，P 等，其摩尔分数大约为 20%。这类 Co 基非晶合金除了具有优良的软磁性能外，还具有强度高、硬度大、韧性好、抗辐射、耐腐蚀等特点，因而应用范围较广，例如 Co—Fe—B 非晶薄带可用来制作音频磁头的铁芯。

（2）钴（铁，镍）—金属合金系。金属元素通常为 Ti，Zr，Nb，Ta 等。这类合金的玻璃形成能力一般较弱，而且磁性也不高，有的合金的居里温度甚至在室温以下。该体系合金主要通过溅射方法来制备非晶态薄膜，例如，Co—Nb—Zr 和 Co—Ta—Zr 系溅射薄膜可作为高频磁头铁芯材料。

（3）钴（铁，镍）—稀土合金系。稀土合金一般为 Gd，Tb，Dy，Nd 等。这类合金在室温时呈亚铁磁性。用真空溅射制备的这类非晶薄膜具有垂直膜面的单轴各向异性，是优良的磁光记录材料，例如 Co—Tb—Fe 系合金。

Co 基非晶合金是软磁性能最佳的非晶合金，特别是在 100 kHz 以上的高频领域，Co 基非晶合金具有高频损耗低、工作磁感高、磁导率高、居里温度高以及良好的温度稳定性和时效稳定性等优异高频软磁性能，这是其他材料无法替代的，尤其适于制作高频开关电源变压器铁芯。除了高频软磁性能外，传统的 Co 基非晶合金还具有巨磁阻抗（GMI）效应和巨应力阻抗（GSI）效应，这为开发高灵敏度磁敏和力敏传感器提供了新途径，成为该领域一个新的研究热点。

7.1.5　Cu 基非晶合金系

Cu 基非晶合金系由于成本低、性能优异，成为获得应用的一类非晶态合金块体体系，是目前研究的热点之一。目前已开发的 Cu 基非晶态合金块体系有：Cu－Zr，Cu－Zr－Al，Cu－Zr－Ti，Cu－Zr－Nb，Cu－Zr－Al－Ag，Cu－Zr－Ti－Ni，Cu－Zr－Ti－Hf 等。Cu 基非晶合金系主要是以 Cu－Zr 系二元合金为基础发展起来的。

7.1.6　Zr 基非晶合金系

Zr 基非晶合金系具有强大的非晶形成能力和宽大的过冷液相区，能够利用不太复杂的设备较为容易地制备出质量很好的非晶态合金块体，同时 Zr 基非晶合金又显示出优异的力学性能。从 1990 年到 2000 年期间，对 Zr 基非晶合金的研究比较集中，包括其非晶形成机制的研究，添加合金元素对 Zr 基非晶态合金的非晶形成能力的影响，重要工艺因素对 Zr 基非晶合金形成能力的影响，Zr 基非晶态合金块体晶化动力学的研究，Zr 基非晶合金的断裂机制、疲劳断裂特性和裂纹间断的扩展特性等方面的研究。目前已开发出的 Zr 基非晶合金系包括了 Zr－Cu，Zr－Ni－Al，Zr－Al－Co，Zr－Cu－Ni－Ti，Zr－Ti－Cu－Ni－Be－Nb 等非晶合金系。

7.1.7　Ni 基非晶合金系

Ni 基非晶合金系发展的时间不长，但是已经形成了比较完整的体系。Ni 基非晶合金的主要优势表现在高强度和高耐腐蚀的性能上，主要包括了 Ni－Zr－Al 系、Ni－Ti－Zr 系和 Ni－Nb 系非晶合金。其中 $Ni_{45}Ti_{20}Zr_{25}Al_{10}$ 的压缩强度可以高达 2.37 GPa。Ni－Nb 系合金具有独特的抗腐蚀性能，Ni－Nb－Ta－P 非晶合金在 HCl 溶液中耐腐蚀性实验表明，在 6 mol/L 的 HCl 溶液中，Ni－Nb－Ta－P 非晶合金的腐蚀速率为零；在 12 mol/L 的 HCl 溶液中，Ni－Nb－Ta－P 非晶合金的腐蚀速率比普通 Ni 基晶态合金低三个数量级。

7.1.8　Al 基非晶合金系

Al 基非晶态合金的研究起步较晚。1981 年，在含 Al 超过 50％（原子分数）的

Al—Fe—B 等三元合金系中形成了非晶单相。1987 年，日本的 Inoue 等首次利用单辊旋淬法制备出了塑性很好的 Al 基非晶合金，突破了铝合金难于形成非晶态的障碍。从此，人们对 Al 基非晶合金展开了大范围和深入的研究，希望制备出具有高性能的块体 Al 基非晶合金，并能够在未来的航空航天和汽车工业方面发挥作用。1988 年，Inoue 等成功制备出 Al 基非晶合金，使得 Al 基非晶合金成为非晶合金研究领域的一个热点。Al 基非晶合金作为低密度高模量的材料，具有优异的力学特性。与传统的铝合金相比，Al 基非晶合金的比强度可提高 2~4 倍，而部分晶化后的纳米复合非晶合金的强度可与工程陶瓷媲美。大部分 Al 基非晶合金的拉伸强度都超过 1000 MPa，有些甚至可达 1500 MPa。纳米晶体弥散分布的 Al 基非晶合金强度更是可达到或超过钢材的强度，密度却不到钢材的 40%，能够满足多种航天航空构件的要求。目前，Al 基非晶合金的研究主要集中于 Al—Re，Al—Re—Tm（过渡金属）等二元或多元体系。此外，Al 基非晶合金还表现出良好的高温性能、超塑性及耐蚀性等特点，成为一种具有重要研究意义和广阔应用前景的新型结构材料。

7.2　非晶态合金的结构

非晶态固体的分子的排列同液体一样，以相同的紧压程度无序堆积。不同的是，液体分子很容易滑动，黏滞系数很小；而非晶态固体的分子不能滑动，具有固有的形状和很大的刚性。非晶态固体是一大类刚性固体，具有和晶态固体相比拟的高硬度和高黏滞系数（一般在 10^{12} Pa·s，是液体的 10^{14} 倍）。现实中，完全理想的非晶态固体并不存在，非晶态物质不可能是绝对混乱的，只是破坏了有序系统的某些对成形，形成一种有缺陷、不完整的有序，具有"短程有序"的结构，这也是非晶固体的基本特征之一。因此，非晶态可以定义为：组成物质的原子、分子的空间排列不呈周期性和平移对称性，晶态的长程有序遭到破坏，只是由于原子间的相互关联作用，使其在小于几个原子间距的区域内，仍然保持着形貌和组分的某些有序的特征，具有短程有序的一类特殊的物质。非晶态固体体系的自由能比对应的晶态要高，因而是一种亚稳态结构。

非晶态固体结构具有以下三个基本特征：

（1）只存在小区域内的短程有序，在近邻或次邻近原子间的结合具有一定规律性，没有任何的长程有序。

（2）衍射花样是由较宽的晕和弥散的环组成的，没有表征结晶体的任何斑点和花纹；径向分布函数也和通常的微晶材料明显不同；电镜看不到晶粒晶界、晶体缺陷等形成的衍射反差。

（3）当温度连续上升时，在很窄的温度区间内，会发生明显的结构相变。

非晶态结构的另一个特点是热力学的不稳定性，存在向晶态转化的趋势，即原子趋于规则排列。气态、液态、非晶态和晶态的双体分布函数如图 7.2 所示。

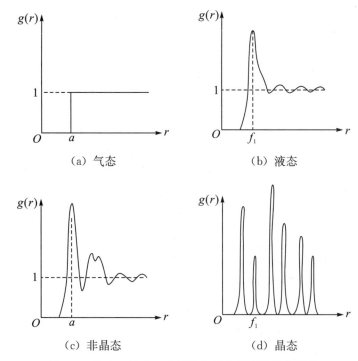

图 7.2　气态、液态、非晶态和晶态的双体分布函数

　　非晶态合金的长程无序、短程有序的结构特性是导致非晶态合金有着良好的机械性能、优良的化学性能以及优异的软磁性能的主要原因。为了进一步了解非晶态的结构，通常在理论上把非晶态材料中原子的排列情况模型化，其模型归纳起来可分为两大类：一类是不连续模型，如微晶模型、聚集团模型等；另一类是连续模型，如连续无规则网格模型、硬球无规密堆积模型等。虽然模型对于描述非晶态材料的真实结构还不够精确，但在解释非晶态材料的某些特性，如弹性、磁性时，还是取得了一定的成功。

7.2.1　非晶态的结构模型

1. 微晶模型

　　微晶模型认为非晶态材料是由晶粒非常细小的微晶组成的，晶粒大小为十几埃到几十埃。这样晶粒内的短程有序与晶体的完全相同，而长程无序是各晶粒的去向杂乱分布的结果。这种模型可以定性地说明非晶态衍射试验的结构，简单且有通用性，许多早期工作都是由此出发的。但是，微晶模型计算得到的径向分布函数或双体分布函数与试验难以定量符合，且晶粒间的原子分布情况不清楚，如图 7.3 所示。当晶粒非常微小时，晶界上原子数与晶粒内的原子数可能有相同的数量级，不考虑晶界上的原子排列显然不合理。

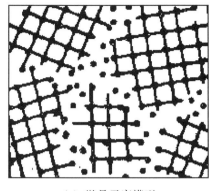
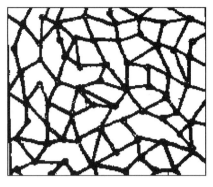

（a）微晶无序模型　　　　　　　　（b）拓扑无序模型

图 7.3　无序结构模型

2. 硬球无规密堆积模型

由于金属材料是由原子构成的，没有复杂的内部分子结构，所以在研究非晶态合金的结构模型时，都将之理想化为不可压缩的硬球堆积在一起形成的模型。Bernal 在 20世纪 60 年代提出了一个结构模型——硬球无规密堆积模型，这是对非晶态金属结构最初的且在相当大程度上有效的描述。这个模型可以通过日常生活经验来很好地理解，当将大量相同的小球装满一个不规则的容器中并摇匀，或者将小球放入橡皮气球内揉捏充分时，我们会发现小球最后所达到的排列状态具有惊人的相似性，如图 7.4（a）所示。这里所指的相似性是在统计的意义上而言，具体来讲包括堆垛因子、径向分布函数、阵点所对应的各类 Voronoi 多面体的分布等。用计算机模拟得到无规密堆积模型，并且计算出的径向分布函数与实验测量数据高度符合，这为此模型的有效性提供了强有力的支持，如图 7.4（b）和 7.4（c）所示。

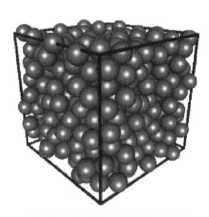
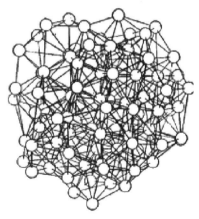

（a）硬球堆积形成的无规密堆积　　　（b）计算机作出的 100 个原子的
　　　　　　　　　　　　　　　　　　　无规密堆积球－棍图形

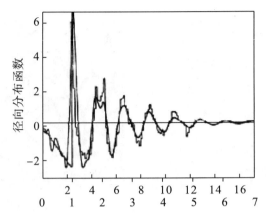

（c）实验测出的径向分布函数与按无规密堆积计算出的径向分布函数的符合性

图 7.4　硬球无规密堆积结构模型

3.　团簇密堆模型

除了对局部结构的认识之外，对于认识微观粒子是如何组织成宏观非晶态固体的，也就是对于非晶态结构的中程和长程结构的研究，近年来也有了许多进展。非晶态结构一般不具有长程有序，但这只是说没有跟晶体一样的大范围的排列，那么，有没有另外隐藏的排列规律性没有被发现呢？Miracle 提出一种"团簇密堆模型"，指出非晶态合金在局域上的结构是一些稳定的二十面体团簇，这些团簇又以类似于晶体中的面心立方或密排六方的结构排列组成宏观的玻璃，见图 7.5(a) 和 7.5(b)。不过，现在并不能解释这种排列的起源，以及这种结构是否真的和非晶态结构能相互对应。与团簇相关的模型还有后来提出来的准团簇密堆（见图 7.5(c)）、团簇的分形网络等，这些结构的有效性都还在进一步的研究和讨论中。最近，浙江大学的研究小组还从实验上揭示出非晶态合金中可能拥有长程拓扑有序。

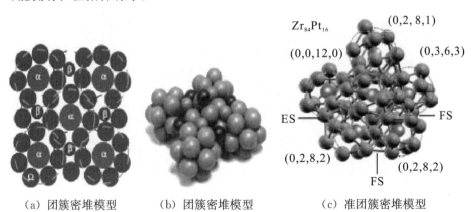

　（a）团簇密堆模型　　　（b）团簇密堆模型　　　（c）准团簇密堆模型

图 7.5　非晶态的结构模型

7.2.2　非晶态转变

　　温度高于或等于熔点 T_m 的液态金属，其内部处于平衡态。从能量的角度来看，当温度低于熔点 T_m 时，在没有结晶的情况下过冷，此时体系的自由能将高于相应的晶态金属，呈亚稳态。如果体系内的结构弛豫（或原子重排）时间 τ 比冷却速率 dT/dt 的倒数小，则体系仍然保持内部平衡，故呈平衡的亚稳态。随着液态金属体系的冷却，其黏滞系数 η 或弛豫时间 τ 将会迅速增加，当增加到某一值时，τ 已经很大，以致体系在有限的时间内不能达到平衡态，即处于非平衡的亚稳态。由离开内部平衡点算起，称为位形冻结或非晶态转变。形成非晶态合金时的热焓 H、比容 V 和熵 S 随温度 T 的变化如图 7.6 所示。

　　由图 7.6 可知，在不同冷却速率 F，非晶合金将在不同的温度下偏离平衡态，故转变温度 T_g 是一个动力学参量，它是由液态金属转变到非晶态合金时窄小温度区间内的比热、黏滞系数及比容的明显变化所确定的。非晶态合金 $Au_{76.89}Si_{9.45}Ge_{13.66}$ 的比热容 C_p 随温度 T 的变化如图 7.7 所示。比热容是内禀性能，加热时比热容的突然增加是非晶态转变的热标志。晶态合金 $Au_{76.89}Si_{9.45}Ge_{13.66}$ 的 C_p 接近经典值 25.122 J/mol·K，而相应的非晶态合金的 C_p^a 稍高，在转变温度 T_g 附近，约增加 20.935 J/mol·K，这是由液态金属的平移自由度所做的贡献。

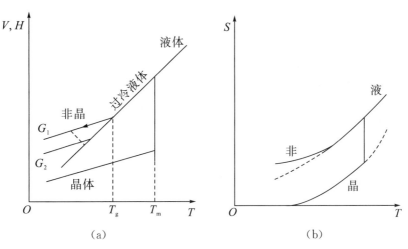

图 7.6　**非晶态合金的形成示意图**

（a）热焓 H 和比容 V 随温度 T 的变化；（b）熵 S 随温度 T 的变化

注：T_m 为熔点，T_g 为非晶态合金的转变温度。

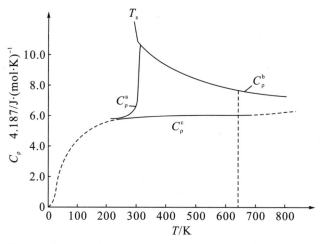

图 7.7   非晶态合金 $Au_{76.89}Si_{9.45}Ge_{13.66}$ 的比热容随温度的变化

注：C_p^a 为非晶态合金的比热容；C_p^c 为晶态合金的比热容；C_p^b 为液态金属的比热容（$T_m = 625\ K$）

对非晶态合金的转变温度 T_g 可作如下讨论：

（1）通常比热曲线上升拐点处所对应的温度为非晶态转变温度。

（2）对于普通玻璃，当接近转变温度 T_g 时，玻璃开始软化。但非晶态金属却类似于牛顿黏滞性流动，黏滞系数发生 $10^4 \sim 10^5$ 量级的突变。

（3）温度介于熔点 T_m 与转变温度 T_g 之间的液体，称为过冷液体。由于其自由能比相应的晶态合金要高，故处于亚稳态，但其内部却是处于平衡态。温度低于转变温度 T_g 的非晶态合金则处于非平衡的亚稳态，即它比晶态合金具有更高的能量。

（4）从热力学角度看，非晶态转变温度被认为是结构位形熵被终止的温度。随着温度的增加，液态金属的比热容 C_p^b 的降低引起位形熵的增加。

（5）从液态金属到非晶态的转变是 Ehrenfest 意义下的二级相变，它的定义是 Gibbs 函数的二阶导数具有不连续性。

7.3   非晶态合金的制备方法

由于金属的特殊性，在常规的冷却条件下，金属合金熔体在冷却过程中总有结晶的倾向，从而形成具有晶体结构的固体。因此，在 20 世纪 90 年代以前，人们一般是采用至少高达 $10^5\ K/s$ 的冷却速度来冷却合金熔体，以制备出厚度在几十微米到上百微米的薄带状非晶态合金，这些薄带状非晶态合金的过冷液相区一般都较窄或几乎没有，其应用领域受到很大的限制。研究发现，非晶态合金在多方面都具有其相应的晶态合金所不具备的优异的物理、力学与化学等特性，因而成为材料与物理学家及工业部门开发研究的对象。人们研究非晶态合金形成的一个重要方面是金属合金的非晶形成能力，一个金属合金的非晶形成能力可以简单地用所获得的最大非晶样品直径或厚度（在三维空间上是最小尺度的方向）来表示，即所能获得的非晶样品直径或厚度越大，表示该金属合金的非晶形成能力越高。作为塑料的聚合物玻璃是一种被广泛使用的玻璃，相对于非晶态合金而言，其非晶形成能力高，非晶态转变温度低，过冷液相区宽而过冷液体的稳定性高，表现出非常优异的热塑性。因此，聚合物玻璃（塑料）广泛应用于塑性成型工业，用于制作各种模型和零件。同聚合物玻璃相比，非晶态合金具有优越的机械和电学等性能，但是，以往发现的非晶态合金的非晶形成能力非常低，其可加工性能和塑性都比较差。最近十年来，非晶态合金的研究有了很大进展，人们可以在多个金属合金体系中获得毫米级甚至厘米级尺寸的块状非晶态合金。由于块状非晶态合金在过冷液相区也表现出如氧化物玻璃和塑料那样的黏性流变特性，因此，人们也希望块状非晶态合金能像聚合物塑料那样，在过冷液相区对其进行变形和塑性加工。但是，大多数的块状非晶态合金的非晶态转变温度都很高，过冷液体的稳定性相对较低，这使其塑性和应用研究都受到了限制。

非晶态合金的形成，首先与材料的非晶态形成能力有关，这是形成非晶态合金的内因。另外，金属熔体形成非晶态合金的必要条件是要有足够快的冷却速度，以使金属熔体在达到凝固温度时，其内部原子还来不及结晶就被冻结在液态时所处的位置附近，从而形成无定形结构的固体，这是形成非晶态合金的外因。不同成分的金属熔体形成非晶态合金所需的冷却速度不同。就一般金属材料而言，合金比纯金属易形成非晶态。在合金中过渡金属－类金属合金的冷却速度为 $10^8\,℃/s$ 左右，而有的纯金属要求冷却速度高达 $10^{10}\,℃/s$，这是目前工业水平难以达到的。目前，非晶态材料的制备工艺主要以快冷凝固技术为主。

7.3.1　非晶态合金粉体的制备

1. 雾化法

雾化法的原理是用高压气体或液体将连续的液态金属流击碎为液滴。这种技术尤以 Duwez 枪法最有代表性。Duwez 枪法是 Duwez 及其同事在 1959 年发明的，这一发明开创了非晶态合金制造的新纪元。在 20 世纪 70 年代以前，Duwez 法一直是受欢迎的快冷凝固技术，其冷却速度可达 $10^6\sim10^8\,℃/s$。Duwez 枪法的基本思想如图 7.8 所示，将液体颗粒加速到高速后喷射到高热传导的基体上（用某个适当的角度），基体表面呈凹球面，离心力使液体表面与基体表面接触良好，以保持良好的热传导能力。推力装置由一个冲击管构成，内有高压腔体 2 和低压腔体 7，中间用一个聚酯密拉隔膜 6 分开，高压腔体中充满氢气，而低压腔体中充满氩气，冲击管由不锈钢制成，但由于其底部与高温接触，由一个钛制铁柱组成，石墨坩埚 11 采用感应加热，其内有样品，内塞一个刚玉（Al_2O_3）管用于防止熔融金属与石墨反应。该技术的成功之处在于：①限制了熔融金属的量；②使液态金属快速雾化成小的液滴；③推进雾化液滴流越过一个小距离，并在短时间内与淬火基体进行快速冲击，以释放出热量越过结晶与长大过程，进而快速凝固。

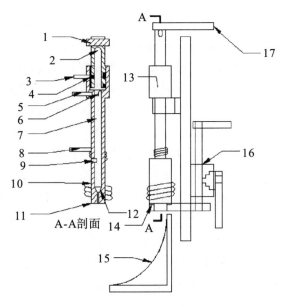

图 7.8　Duwez 枪法技术

1—夹紧针；2—高压腔体；3—氦气；4—O 形密封环；5—氩气；6—聚酯密拉隔膜；

7—低压腔体；8—冷却水；9—钛制铁柱；10—感应加热；11—石墨坩埚；12—样品；

13—冲击管；14—石墨垫片；15—紫铜带；16—石墨坩埚夹紧装置；17—夹紧装置

2. 双辊法

双辊法是将熔融合金通过高导热双辊接触表面快速固化而形成非晶态，当滚速足够大时，在带与辊分离区形成较大负压，使已经固化的非晶态合金带粉碎成为非晶态合金粉末，其制备过程及装备如图 7.9 所示。

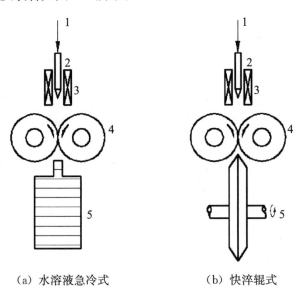

（a）水溶液急冷式　　　　（b）快淬辊式

图 7.9　双辊法制备非晶态合金粉末的过程和装备

1—氩气；2—喷嘴；3—加热线圈；4—双辊；5—急冷装置

3. 机械合金化（Mechanical Alloying，MA）

1979 年，White 等率先采用机械合金化法合成了 Nb_3Sn 非晶态结构。1981 年，Yermarkov 等在 Y—Co 合金系统中用机械合金化获得了非晶态结构。1983 年，Kcon 等用机械合金化将 Ni 和 Nb 粉末合成为 NiNb 非晶态合金粉末。这些工作促进了将机械合金化作为一种在非平衡过程中用于制造越来越多的非晶态合金。机械合金化的机理是：混合粉末在容器中，晶粒一个个变形，经过冷焊与断裂的过程，产生一种复合机构，这种复合结构在球磨过程中不断地被细化成为纳米级尺寸，于是不同组分之间就相互扩散，从而形成非晶态合金。MA 法可以制备的非晶态合金有：二元系统，如 Ni—Nb，Ni—Zr 等；三元系统，如 Mg—Al—Zn，Ti—Ni—V 等。

7.3.2　非晶态合金带材的制备

非晶态合金带材的制备常采用单辊法，其设备如图 7.10 所示。母合金在坩埚内用高频加热法熔融，达到熔融合金温度 T_m 后通入氩气或氮气，其坩埚内压力 P_E 大于大气压，以使熔融后的合金从喷口喷出，通过喷口与辊之间的间隙 δ，到达快速旋转的辊面。完成一次喷铸过程需数秒到数十秒。

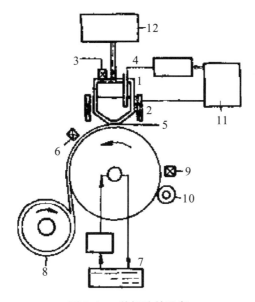

图 7.10　单辊法的设备

1—坩埚熔池；2—高频加热线圈；3—压力测定装置；4—热电偶；5—喷口；
6—厚度测定装置；7—冷却水系统；8—卷筒；9—辊面温度测定装置；
10—辊面清理装置；11—电源；12—压力调节装置

7.3.3　非晶态合金块体的制备

1. 金属模铸造法

金属模铸造法将液态金属直接浇入金属模中，利用金属模的高导热率实现快速冷却以获得非晶态合金块体（BMG）。此方法的工艺过程比较简单，容易操作，但是由于冷却速度有限，所以制备的 BMG 尺寸有限。金属模分为水冷和无水冷，水冷的目的主要是为了保证在合金熔化期间，模具不被坩埚加热而尽可能保持最低温度，金属模的体积应该足够大，以保证在短暂的熔体充型时间内提供足够的吸热源。

2. 水淬法

水淬法设备简单，工艺容易控制，是制备非晶态合金块体的常用方法之一。基本原理是将母合金置入石英管中熔化后连同石英管一起淬入流动的水中，以实现快速冷却，从而形成非晶态合金块体。这个过程可以在封闭的保护气氛中进行，也可将合金放在石英管中，将其抽成高真空（10^{-3} Pa）并密封，利用高频感应装置或者中频感应装置将石英管中的母合金熔化，将熔化的母合金和石英管快速置于水中极冷，形成 BMG。

3. 喷铸－吸铸法

喷铸－吸铸法是制备非晶态合金块体最常用、最方便的一种方法。这种方法在制备高熔点的非晶态合金块体方面具有其他方法不能比拟的独特优势。利用铜模优良的导热性能和高压水流强烈的散热效果，以及吸铸、压铸的特点，可以制备出各种体系的非晶态合金块体。这种技术的原理简单，其设备共分为六个部分：真空系统、压力系统、感应加热及喷射系统、感应电源加热系统、测温系统、模具成型系统。

喷铸－吸铸法的优点是：采用高频或中频感应加热，合金熔化速度快，电磁搅拌作用使合金成分更加均匀；同时，熔炼的合金量变化范围从几克到几千克，适合非晶态合金块体的制备；采用喷铸－吸铸法还可以保证熔体充型速度快，提高非晶成形能力。

4. 电弧熔炼吸铸法

电弧熔炼吸铸法是将电弧熔炼合金技术与吸铸技术融为一体的方法。这种方法既利用了电弧熔炼合金技术的无污染、均匀性好的优点，又利用了吸铸技术熔体充型好、铜模冷却快的长处。这种技术使合金的熔炼、充型、凝固过程在真空腔内通过一次抽真空来完成，属于一种短流程制备方法。电弧熔炼吸铸设备的基本构造是将电弧熔炼用的水冷铜盘连接铸造玻璃棒材的水冷铜模，在电弧熔炼铜盘附近放置电磁搅拌线圈，从而保证合金混合均匀。合金在电弧熔炼过程中，靠毛细管和电磁悬浮的共同作用保持在熔炼铜盘中，待合金熔炼完成后，关闭电源，打开吸铸阀门，合金液体在重力和负压的共同作用下，快速充型。

电弧熔炼吸铸法的优点是：合金从熔炼到充型过程中避免了接触空气和外界污染，制备效率高。但是，在铜坩埚的底部易发生合金的非均匀形核，因此难以获得完整的非晶态合金。目前，电弧熔炼吸铸法的制备能力相对较低，所以制备的样品尺寸较小，适合在实验室内进行研究使用。

5．非晶态合金粉末挤压法

制备非晶态合金粉末的技术早已有所发展，多年来，许多研究者尝试采用非晶态合金粉末在低于其晶化温度下进行温挤压、温轧、冲击（爆炸）固化和高等静压烧结等方法制备非晶态合金块体。非晶态合金粉末挤压法是将预先制备好的球状非晶态合金粉体在低于晶化温度下进行挤压成形的方法。这种制备方法与上述几种制备方法不同，它不是由合金的液态直接冷却后成形的，而是利用过冷液相区中的黏性流动和原子扩散性，将雾化粉末形成高致密度的非晶态合金块体。这种方法要比依靠非晶成形能力制备非晶态合金块体的方法具有更大生产前景。

6．高压铸造法

1992 年，Inoue 等用高压铸造法制备出了临界尺寸 t_{max} 达到 7 mm 的 $Mg_{65}Cu_{25}Y_{10}$ 的 BMG 棒状样品，其采用的设备如图 7.11 所示，主要由熔炼母合金的缸套与活塞、施加高压的水压机、耐高压的铸造铜模、能够在浇注之前迅速除去坩埚和铜模中气体的抽气系统等组成。缸套与活塞由耐热工具钢制成。母合金在具有氩气保护并带有高频感应线圈的缸套内熔炼，通过水压推动活塞，将熔融的合金快速推入铸造铜模中。

高压铸造法的充型过程可在毫秒内完成，使得熔融合金与金属模之间的充填更紧密，合金通过金属模获得的冷却速度更大，同时压力对晶体成核和晶核长大所必需的原子长程扩散具有抑制作用，从而提高了合金的非晶形成能力，可以实现高质量的复杂形状的非晶态合金的精密铸造。如采用高压铸造法制备 Mg-Cu-Y 非晶态合金块体，其在 100℃时的抗拉强度高达 500 MPa，是其他方法制备的 Mg-Cu-Y 非晶态合金块体中最高抗拉强度的 3 倍左右。

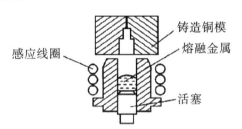

图 7.11　高压铸造法制备大块非晶合金的设备

7.4　非晶态合金的性质

7.4.1　非晶态合金的力学性质

氧化物或聚合物玻璃在高温条件下的可加工性源于这些材料在高温时发生的软化特性，即可以在"某个温度"以上的"非常宽的温度范围"内像揉面团那样进行长时间的无限度变形加工。这里所说的"某个温度"称为非晶转变温度（T_g），而"非常宽的温度范围"称为"过冷液相区"（ΔT），过冷液相区 ΔT 越宽，越有利于加工成型，而处于该温度范围内的非晶态合金又称为"过冷液体"。在过冷液相区能够停留的时间越长，意味着过冷液体的稳定性越好。如果稳定性不好，则意味着过冷液体会很快发生晶化而无法再继续进行加工。从非晶态得到的过冷液体不同于由高温熔融态的熔体冷却得到的过冷液体，前者可以在一定的时间内保持一定的形状，这也是玻璃工艺品能够通过无模吹制获得复杂形状的关键。

力学性能优异是非晶态合金的突出特点，下面分别进行介绍。

1. 弹性与滞弹性

非晶态合金具有极高的弹性极限，压缩过程中的弹性变形部分的应变值普遍高于 2%，远高于晶态合金。非晶态合金的无序结构是其具有优异弹性极限的主要原因，它不能像晶态合金那样通过位错滑移使材料很快达到屈服。

非晶态合金不是完全的弹性材料。在施加应力时，非晶态合金开始产生弹性应变，随后为与时间有关的蠕变应变。研究表明，在应力作用下，非晶态合金产生的蠕变应变在应力卸载后，随时间推移可逐渐恢复。在给定的应变下，应力弛豫大约为 2%。对于非晶态合金的较大的滞弹性行为，早期认为，在非晶态合金中，存在活动性很强的局部区域，在外力作用下，这些局部活动区域通过弹性形变重新排列到另一个稳定位置，从而产生力学弛豫效应。

2. 强度

相对于同种合金系的晶态材料，非晶态合金具有极高的断裂强度，这是非晶态合金的显著特点。Fe 基、Co 基非晶态合金的抗拉强度最高可达到 4000 MPa 左右，Al 基非晶态合金的抗拉强度最高可达到 2000 MPa 左右。

表 7.1　部分非晶态合金的力学性能

非晶态合金		抗拉强度 σ/MPa	杨氏模量 E/GPa	硬度 HV/GPa
Fe 基	$(Fe_{0.75}B_{0.15}Si_{0.1})_{96}Nb_4$	3250	175	10.60
	$Fe_{77}Ga_3P_{9.5}C_4B_4Si_{2.5}$	3160	182	8.70
	$[(Fe_{0.8}Co_{0.2})_{0.75}B_{0.2}Si_{0.05}]_{96}Nb_4$	4170	205	12.25
	$[(Fe_{0.7}Co_{0.3})_{0.75}B_{0.2}Si_{0.05}]_{96}Nb_4$	4200	210	12.45
Ni 基	$Ni_{45}Ti_{20}Zr_{25}Al_{10}$	2370	114	7.91
	$Ni_{40}Cu_6Ti_{16}Zr_{28}Al_{10}$	2180	111	7.80
	$Ni_{40}Cu_5Ti_{17}Zr_{28}Al_{10}$	2300	134	8.60
	$Ni_{40}Cu_5Ti_{16.5}Zr_{28.5}Al_{10}$	2300	122	8.00
Mg 基	$Mg_{80}Ni_{10}Nd_{10}$	431	33	—
	$Mg_{70}Ni_{15}Nd_{15}$	625	51	—
	$Mg_{65}Cu_{7.5}Ni_{7.5}Zn_5Ag_5Y_{10}$	490～650	39	2.60

续表7.1

非晶态合金		抗拉强度 σ/MPa	杨氏模量 E/GPa	硬度 HV/GPa
Ti 基	$Ti_{50}Cu_{25}Ni_{25}$	1800	93	6.20
	$Ti_{50}Zr_{10}Cu_{40}$	1483	59.7	4.74
	$Ti_{60}Cu_{30}Ni_{10}$	1583	58.3	5.28
	$Ti_{50}Cu_{25}Ni_{22}Sn_3$	2050	98	6.40
Al 基	$AlSi_{20}CuMg$	1800	88	0.16
	$AlSi_{20}NiCuMg$	1650	99	0.20
	$AlSi_{20}Fe_5Zr$	1750	95	0.11

3. 变形

非晶态合金在断裂之前具有很高的塑性应变。在快速淬火后制得的非晶态合金可对折 $180°$ 而不发生断裂。非晶态合金的塑性变形是通过高度局域化分布的剪切变形带实现的。在个别变形带中，会承受非常大的应变。非晶态合金能承受如此大的应变，一方面是由于合金中存在非立体定向的键合，故与具有共价键的无机玻璃相比，其延性要好得多；另一方面则是由于非晶基体中不存在空穴、氧化物夹杂等缺陷，与钢带相比，其在弯曲时具有更大的局部延展性能。

非晶态合金的变形特征主要有以下三点：

（1）变形时无加工硬化现象或加工硬化很小。

（2）在远低于玻璃化转变温度 T_g 时，在各种变形形式下（拉伸、弯曲和压缩），塑性流动是不均匀的。

（3）在 T_g 温度附近或在高于 T_g 温度而不产生结晶的条件下，显示出均匀的黏滞性流动。

7.4.2　非晶态合金的磁性

晶态物质中原子的周围环境是规则的，而非晶态物质中每一个原子的局域环境是不同的。所以，一般认为在非晶态物质中，并不是每一个同类原子都显示出相同的磁矩值。非晶态合金的磁性变化主要取决于电子环境的变化，这是由非晶态合金中加入的类金属元素引起的。

1. 磁矩和饱和磁化强度

绝对零度下的饱和磁化强度是磁性材料一个重要的基本量，有时也用单位磁性原子的平均磁矩来表示。原子磁矩通常用玻尔磁子 μ_B 表示。大多数非晶态合金的磁矩总是比它所含的纯晶态过渡金属的磁矩要小，这不是由结构无序造成的，而是由于类金属元素的存在使得局域化学环境发生变化而造成的。

非晶态 Co－Si 合金（含 1%～6% Si 原子），磁矩变化将随 Si 含量的增加而减少。

费尔希（Felsch）测量了非晶态 Fe—Au（5％～55％Au 原子）合金，每个 Fe 原子的磁矩为 $2.9\mu_B$（±10％）。在含 40％～50％Au 原子的 Fe—Au 非晶态合金转变为面心立方固溶体时，磁化强度变化不明显（±3％），但在 7％～40％Au 原子的 Fe—Au 非晶态合金当晶化成体心立方固溶体时，每个 Fe 原子的磁矩在（2.2～2.4）μ_B 之间。含量低于 7％Au 原子的 Fe—Au 非晶态合金中，每个 Fe 原子的磁矩随着 Au 含量的减小而减小。原子磁矩的变化是由 Au，Si 的含量变化引起的，从而使非晶态合金的电子结构发生显著地变化。

饱和磁化强度是指外加磁场足够大时，铁磁体的磁化强度达到饱和值，即此时外磁场继续增加，而磁化强度则不再增加。饱和磁化强度 M_s 是有序材料的基本磁特性，一般可由低温下的测量值推出温度为 0 K 时的值，通常以每个原子或"磁原子"的平均磁矩表示。研究发现，Fe—Co—Re—B 系列非晶态合金随着稀土元素的添加，以稀土元素为中心的 Fe 原子周围的电子环境和结构发生变化，稀土元素的磁矩与 Fe 原子的磁矩形成反铁磁耦合，从而导致该非晶态合金的饱和磁化强度降低。

2. 居里温度 T_c

尽管非晶态铁磁体是化学及结构无序的，但是它仍然有一个明确的磁有序温度——居里温度。当温度高于居里温度时，材料显示顺磁性；当温度低于居里温度时，材料显示铁磁性。结构的长程无序并没有很明确地反映在居里温度上，这可能是受到化学因素的影响。试验表明，大多数晶态合金的居里温度均高于相应的非晶态合金的居里温度，这在很大程度上也是由于化学成分改变或者化学无序的影响。

在非晶态 Fe—B 合金中，随着 Fe 元素含量增加，合金的 T_c 下降，这可能是由于 Fe 原子间距变小引起某些反铁磁性交换作用而造成的。Kazamn 等测定了非晶态 $(Fe_{100-x}M_x)_{79}P_{13}B_8$（M＝Co，Ni，Mn，Cr，V）合金的居里温度随 M 含量的变化，结果表明，当含 Co，Ni 时，随着其含量的增加，居里温度呈线性关系增加；当含 Mn，V，Cr 时，随着其含量的增加，居里温度反而下降。

3. 磁致伸缩

非晶态合金也具有类似晶态合金的磁致伸缩现象，而且非晶态合金饱和磁致伸缩常数 λ_s 与过渡族金属近似，一般为 $-(4\sim30)\times10^{-6}$ 或者更低。在非晶态 Fe—Ni 合金中，λ_s 值随 Ni 含量的增加而减少，从 32×10^{-6}（纯铁）降至 0（纯 Ni）。对于只含 Fe 的非晶态合金，λ_s 为（12～50）$\times10^{-6}$。在非晶态 Fe—Co 合金中，随 Co 含量增加，λ_s 线性下降，当 Fe/Co＝0.06 时，λ_s 为零。对 λ_s 产生影响的主要是 Fe/Co 的大小，而与类金属成分或含量的关系较小。非晶态 FeB 合金的 λ_s 可达 50×10^{-6}。高磁致伸缩非晶态合金具有极高的机电耦合系数，该系数是转换器最重要的动态参数，它是由磁激发所产生的弹性能的一种量度。

4. 磁各向异性

非晶态合金的结构是长程无序的，所以在宏观上，合金的性能是各向同性的。但是，许多非晶态磁性材料中存在磁各向异性，一般约为 10^3 erg/cm^3。经过适当的退火处理，由于内应力消除，非晶态合金磁各向异性可以变得很小，因而具有优良的软磁特性。研究表明，磁各向异性产生的机制对晶态和非晶态基本上是相同的。

作为磁头的非晶态合金，也会由于热循环及研磨加工产生磁的各向异性，从而使磁导率下降。为消除这种磁各向异性，通常采用从 T_c 以上进行急冷的热处理方法，也可以通过添加 Cr，V 等元素来消除磁各向异性。

5. 磁滞和磁畴

非晶态合金的磁损耗、矫顽磁力较相应的晶态合金低，主要是由于非晶态合金中的原子为无序密堆，磁各向异性小，并且不存在晶界等形成磁畴壁钉扎的缺陷。退火对于非晶态合金磁滞回线有较大影响，可使 H_c 减小，磁导率得到适当提高。此外，应力退火对 $B-H$ 曲线也有很大的影响。

非晶态磁性合金具有低矫顽磁力、高磁导率、低损耗等特点，这些特性都与其磁畴结构、原子结构密切相关。决定非晶态磁性合金的磁畴结构的因素与晶态合金的基本相同。

7.4.3　非晶态合金的化学性质

非晶态合金是单相无定形结构，不存在晶界、位错、层错等结构缺陷，也没有成分偏析和第二相析出，这种组织和成分的均匀性使其具备了良好的抗局域腐蚀能力。通常，非晶态合金的抗蚀性不超过其中抗蚀性最好的组元在纯金属状态下的抗蚀性。然而，在非晶态 Fe 基合金中加入一定量的 Cr 和 P，可大大提高其耐蚀性，甚至远远超过不锈钢。P 的加入使合金同溶液的化学反应活性大大增加，提高了合金的钝化能力。加入少量的 Cr（<13%），能迅速形成均匀而更富 Cr 元素的致密钝化膜，从而有效提高合金的抗蚀性。

含 Cr 的 Fe 基非晶态合金在强酸性的氯化物溶液中也耐点蚀，如在盐酸中，随着盐酸浓度增加，不锈钢因受严重点蚀，腐蚀速率显著增加；然而含 Cr 量为 10 atm% 的非晶态 Fe 基合金经一周的腐蚀实验却检测不出样品的腐蚀。采用 10% $FeCl_3 \cdot 6H_2O$ 溶液进行点蚀实验，结果表示，7~9 atm% Cr 的 Ni 基非晶态合金 $NiCr_8P_{15}B_5$ 在 30℃ 的实验溶液中不产生腐蚀；含 8~10 atm% Cr 的 Fe 基非晶态合金，在 60℃ 的这种溶液中都不产生腐蚀，而不锈钢却产生点蚀。在非晶态合金中，含 Cr 量一般为 7~10 atm% 就能耐点蚀；而非晶态 Fe-Cr 合金则需要含 32 atm% Cr 才能在 60℃ 的腐蚀溶液中不产生点蚀。

7.5　非晶态合金的应用

随着对非晶态合金研究的深入，各种非晶态合金所具备的优异物理性质、化学性质和力学性质逐渐被人们认识，越来越多的非晶态合金也将会替代目前的传统材料应用于工程、精密机械、信息、航空航天器件、国防工业等高新技术领域，成为提高性能和发挥功能性的关键材料。图 7.12 是几种利用非晶态合金的优异性能制备的产品。

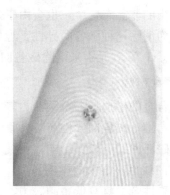

（a）高尔夫球头　　　　　　　　　　（b）微型齿轮

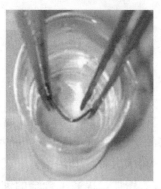

（c）金属塑料在开水中变形以及压印　　（d）开水中压印制备的中国科学园物理
　　　　　　　　　　　　　　　　　　　　研究所所徽（非晶态合金）

图 7.12　利用非晶态合金的优异性能制备的产品

7.5.1　非晶态合金在高性能结构材料领域的应用

非晶态合金有着优异的力学性能，不仅在强度、弹性、韧性、硬度等方面大大优于传统金属材料，而且在比强度、疲劳性能等方面也优于晶体材料。随着非晶态合金块体体系的不断发展和非晶形成能力的提高，非晶态合金块体的成本将大大降低，能够形成非晶态合金的样品尺寸也明显增加，目前，已经有 Pd，Zr，Mg，Ti，Cu，Fe，La 基非晶态合金的临界样品尺寸达到了厘米级。因此，非晶态合金在高性能结构材料方面将会获得广泛应用，特别是其优异的比强度，将会使其成为航空航天领域的优秀结构材料。

7.5.2　非晶态合金在磁性材料与器件领域的应用

非晶态合金在磁性器件中的应用已经非常广泛。几十年来的应用实践表明，经过合理的成分设计、制备和处理，绝大多数非晶态合金的性能稳定性已能满足对磁稳定性的要求。

日本在电子元件和磁头方面的研究和应用处于领先地位。美国对非晶态合金开发研究的主要方向一直是电力变压器铁芯，最近才开始转向电子器件领域。我国在漏电保护开关互感器和高频逆变弧焊机电源变压器用铁芯方面的应用颇有特色，用非晶态合金铁芯变压器制造的高频逆变焊机，大大提高了电源的工作频率和效率，使焊机体积成倍缩小。

非晶态合金具有优异的软磁学性能。非晶态合金结构的无序性使其在外磁场作用下容易磁化，当外磁场去除后磁化现象又很快消失，而且磁阻小。这说明非晶态合金具有优异的软磁学性能——磁滞回线细长，磁导率高，矫顽磁力低，铁芯损耗低，容易磁化，也容易去磁。例如，$Fe_{81}Br_{13.5}Si_{3.5}C_2$、$Fe_{78}B_{13}Si_9$、$Fe_{67}Co_{18}B_{14}Si_1$、$Fe_{70}B_{16}Si_5$、$Fe_{40}Ni_{33}Mo_4B_{18}$、$Co_{67}Ni_8Fe_4Mo_2B_{12}Si_{12}$ 等非晶态合金系列就具有很好的软磁特性。1980年 6 月，美国的爱理德·西格诺公司首先成功研制出非晶态铁芯变压器，开创了非晶态合金最主要的应用领域——软磁性能的应用，其中，最有经济效益的是以铁基非晶态合金作为磁学性能材料来制造变压器。采用非晶态合金作为铁芯材料的配电变压器，其空载损耗可比同容量的硅钢芯变压器降低 $60\%\sim80\%$。通过使用这种变压器，美国每年可节约将近 5×10^{10} kW·h 的空载损耗，节能产生的经济效益约为 35 亿美元。同时，减少电力损耗可以降低发电的燃料消耗，从而减少 CO_2，SO_2，NO_x 等有害气体的排放量。

7.5.3　非晶态合金在电子材料领域的应用

非晶态材料可用于可擦写光存储介质，主要是非晶态磁光和相变记录薄膜。$(Fe，Co)-(Gd，Tb，Dy)$ 系非晶态薄膜作为可重写的磁光记录材料受到广泛关注，它能连续调整薄膜成分，满足形成垂直磁化的条件，其磁转变温度或补偿温度接近室温。

非晶态硅是当前非晶态半导体材料和器件的研究重点和核心之一。由于非晶态硅具有十分独特的物理性质和在制造工艺方面的加工优点，所以其常以薄膜状用作大面积的高效率太阳能电池材料、大屏幕液晶显示和平面显像电视机，以及传感器和电致发光器件。采用非晶态硅作为光电材料具有独特的性能：对太阳光有很高的吸收系数，比单晶硅高 $50\sim100$ 倍；容易实现高浓度可控掺杂，能获得优良的 PN 结；能在很宽的组分范围内控制能隙变化；容易形成异质结，并有较低的界面态。

7.5.4　非晶态合金在微型精密器件制造领域的应用

随着生物科学、生命科学、信息通信技术的发展，越来越多的微型和小型机械零部件在尺寸精度和力学性能上都有了较高的要求。一般材料采用常规机械加工工艺很难达到要求的微小尺寸，而且采用高温塑性变形，会对晶体材料的性能产生较大的影响，从而很难达到高强、耐腐蚀和耐磨等特殊性能要求。

非晶态合金都具有宽过冷液相区，大部分合金的 ΔT 都大于 40℃，有些甚至达到了 100℃。将这些非晶态合金在过冷液相区进行塑形变形，可以使其通过理想的黏性流动形成各种复杂的形状，且保持非晶态合金优异的物理性能和化学性能。目前常用的有非晶态合金制备的微齿轮、光学零件等样品。

7.5.5 非晶态合金在其他领域的应用

利用非晶态材料优异的化学性能，可以制造非晶态合金燃料电池隔板、催化电极等；利用非晶态材料的高的生物兼容性，可以将其用于医学上的修复移植和外科手术器件制造；利用非晶态合金优异的力学性能，可以将其用于制造高尔夫球头、棒球棒等体育器械。非晶合金在武器装备制造领域同样也获得了较大的应用。

参考文献

[1] 李彦灼，汪卫华. 无序材料中的待解之谜——非晶态合金研究进展 [J]. 自然杂志，2013，35（3）：157.

[2] Suryanarayana C，Inoue A. Bulk metallic glasses [M]. London：Taylor and Francis Group，LLC，2011.

[3] Inoue A，Takeuchi A. Recent progress in bulk glassy，nanoquasi crystalline and nanocrystalline alloys [J]. Materials Saence and Engineering：A，2004，375：16—30.

[4] Zallen R. The physics of amorphous solids [M]. New York：John Wiley & Sons，Inc. ，1983.

[5] Truskett T M，Torquato S，Debenedetti P G. Towards aquantification of disorder in materials：Distinguishing equilibrium and glassy sphere packings [J]. Physical Review E，2000，62（1）：993—1001.

[6] Miracle D B. A structural model for metallic glasses [J]. Nature Material，2004，3（10）：697—702.

[7] Sheng H W，Luo W K，Alamgir F M，et al. Atomic packing and short—to—medium—range order in metallic glasses [J]. Nature，2006，439（7075）：419—425.

[8] 龚晓叁，陈鼎，吕洪，等. 非晶态材料的制备与应用 [J]. 中国锰业，2002，20（4）：40.

[9] 汪卫华. 非晶态合金研究简史 [J]. 物理，2011，40（11）：701.

[10] 李云明，王芬. 非晶态材料的制备技术综述 [J]. 陶瓷，2008（8）：12.

[11] 肖华星，张建平. 大块非晶合金制备技术 [J]. 铸造技术，2009，30（11）：1456.

[12] 何圣静，高莉如. 非晶态材料及其应用 [M]. 北京：机械工业出版社，1987.

[13] 马如璋，蒋明华，徐祖雄. 功能材料学概论 [M]. 北京：冶金工业出版社，1999.

[14] 惠希东，陈国良. 非晶态合金块体 [M]. 北京：化学工业出版社，2007.

[15] 王一禾，杨膺善. 非晶态合金 [M]. 北京：冶金工业出版社，1989.

[16] 张博，赵德乾，汪卫华. 金属塑料的发明 [J]. 物理，2006，35（2）：91.

[17] 王胜海，杨春成，边秀房. 铝基非晶合金的研究进展 [J]. 材料导报，2012，26（1）：88.

[18] 张宏闻，王建强，胡壮麟. 铝基非晶合金的研究与发展 [J]. 材料导报，2001，15（12）：7.

[19] 陈延，黄文军，尚沙沙，等. 锆基非晶态合金块体力学性能的研究进展 [J]. 上海有色金属，2011，32（2）：79.

第8章　超导材料

当温度逐步下降时，许多材料会发生有趣的物理变化。许多年来，人们一直试图把温度降下去，直到 20 世纪初，人们才如愿以偿，一步一步地接近自然界的低温极限——热力学温标零度（0 K 或 −273℃）。1908 年，荷兰科学家昂纳斯成功地获得了 4 K 的低温条件，使最难液化的气体氦变成了液体。三年以后，昂纳斯发现了超导电性，即在 4.2 K 附近，水银的电阻突然变为零。1913 年，他在一篇论文中首次以"超导电性"一词来表达这一现象。这一伟大的发现导致了一门新兴学科的崛起，使超导物理学诞生。

某些材料当温度降到一定程度以下时，其电阻率将变为零并且能将磁力线排出体外，这种材料就是超导材料。超导材料的应用充满诱惑，因为其可以实现完全无损耗地承载电流，节约大量的能源。

从 1911 年发现超导电性至今已有 100 年的历史。但直到 1986 年以前，已知的超导材料的最高临界温度只有 23.2 K，大多数超导材料的临界温度还要低得多，这样低的温度基本上只有液氦才能达到。因此，尽管超导材料具有革命性的潜力，但由于其很难制造工程用的材料，并且难以保持很低的工作温度，所以几十年来，超导技术的实际应用一直受到严重限制。当前，氧化物高温超导材料的发现与研究，为超导技术进一步走向实用化提供了前提条件。但是，对于铜氧化合物超导材料以及新发现的铁基超导材料的机制却还没有完全研究清楚，所以超导材料仍然充满了神秘色彩。人们普遍认为，超导电性的机理和研究应用将会极大地推动物理学尤其是凝聚态物理理论的发展，同时也将开发出更多、更新的应用，现已发现了上千种超导材料。

8.1　超导现象及超导材料的基本性质

8.1.1　超导材料的基本特性

1. 零电阻现象

当材料温度下降至某一数值 T_c 时，超导材料的电阻突然变为零，这就是超导材料的零电阻效应。电阻突然消失的温度称为超导材料的临界温度 T_c。这样，当电流流过超导材料内部时，不会有电能损耗而一直流通，成为永久电流。

所谓电阻消失，只是说电阻小于仪表的最小可测电阻。也许有人会产生疑问：如果仪表的灵敏度进一步提高，那么会不会测出电阻呢？用"持久电流"实验可以解决这个问题。如果回路没有电阻，自然就没有电能的损耗，那么一旦在回路中激励起电流，不需要任何电源向回路补充能量，电流仍然可以持续地存在。有人曾在超导材料做成的环中使电流维持两年半而毫无衰减。

对于一般的导体，电阻是由于原子热振动或晶格缺陷等阻碍电流流动而造成的；对于超导材料，其在超导状态下自旋相反的成对电子组成库珀偶对，这种成对电子在传导时不受晶格中离子的影响，因此形成零电阻现象。

2. 迈斯纳效应

1933 年，德国物理学家迈斯纳（Meissner W）和奥森菲尔德（Ochsebfekd R）对锡单晶球超导材料做磁场分布测量时发现，在小磁场中，把金属冷却至超导态时，其体内的磁力线一下被排出，但磁力线不能穿过它的体内，也就是说，当超导材料处于超导态时，体内的磁场恒等于零，这种现象称为"迈斯纳效应"，即完全抗磁性。超导材料一旦进入超导状态，体内的磁通量将全部被排出体外，磁感应强度恒为零，且对超导材料不论是先降温再加磁场，还是先加磁场再降温，只要进入超导状态，超导材料就把全部磁通量排出体外。

产生迈斯纳效应的原因：当超导材料处于超导态时，在磁场作用下，表面产生无损耗感应电流，这种电流产生的磁场恰恰与外加磁场大小相等、方向相反，因而使得磁场为零。换句话说，这种无损耗感应电流对外加磁场起着屏蔽作用，因此称之为抗磁性屏蔽电流。

利用超导材料的抗磁性可以实现磁悬浮。把一块磁铁放在超导盘上，由于超导盘排斥磁感应线，在超导盘与磁铁之间产生排斥力，使磁铁悬浮在超导盘的上方。超导磁悬浮列车就是这种超导磁悬浮在工程中被利用的实例。让列车悬浮起来，与轨道脱离接触，这样列车在运行时的阻力就降低很多，沿轨道运行的速度可达 500 km/h。发现高温超导材料以后，超导态可以在液氮温度（−169℃以上）出现，超导悬浮的装置更为简单，成本也大大降低。我国的西南交通大学于 1994 年成功研制了高温超导磁悬浮实验车。2003 年 1 月 4 日，在上海全线运营的磁悬浮列车是世界第一条商业运营的磁悬浮列车专线。

迈斯纳效应和零电阻现象是实验中判定材料是否为超导材料的两大要素，是超导态的两个相互独立，又相互联系的基本属性。迈斯纳效应指明了超导态是一个动态平衡状态，与如何进入超导态的途径无关。单纯的零电阻现象并不能保证迈斯纳效应的存在，但零电阻现象又是迈斯纳效应产生的必要条件。因此，衡量一种材料是否是超导材料，必须看其是否同时具备零电阻现象和迈斯纳效应，它至少要符合下列 4 项要求：

（1）必须在一确定的温度实现零电阻转变。

（2）在零电阻状态必须有迈斯纳效应存在。

（3）零电阻现象和迈斯纳效应必须具有一定的稳定性及重现性。

（4）零电阻现象和迈斯纳效应还需经由其他实验室重复和验证。

8.1.2 超导材料的临界参数

1. 临界温度（T_c）

超导材料从常导态转变为超导态的温度称为临界温度，即临界温度就是电阻突然变为零时的温度。目前已知的金属超导材料中，铑的临界温度最低，为 0.0002 K，Nb_3Ge 的临界温度最高，为 23.3 K。

要实现超导材料的大规模应用，最重要的就是不断提高超导临界温度，使超导材料在较高温度下就可以使用。1986 年发现的铜氧化物超导材料就具有高达 160 K 的临界温度，这使得超导材料的应用在液氮温度下就可以实现。但由于这类材料机械性能不好、可承载电流密度太低，使其应用受到限制。

由于材料的组织结构不同，使不同材料的临界温度跨越了不同的温度区域（如高温超导材料）。临界温度可出现 4 个临界温度参数：

（1）起始转变温度 $T_{c(on\ set)}$，即材料开始偏离常导态线性关系时的温度。

（2）零电阻温度 $T_{c(n=0)}$，即在理论材料电阻 $R=0$ 时的温度。

（3）转变温度宽度 ΔT_c，即（$1/10 \sim 9/10$）R_n（R_n 为起始转变时，材料的电阻值）对应的温度区域宽度。ΔT_c 越窄，说明材料的品质越好。

（4）中间临界温度 $T_{c(mid)}$，即 $1/2 R_n$ 对应的温度值。对于一般常规超导材料，这一温度值有时可视为临界温度。图 8.1 为 4 个临界温度参数及其与电阻的相互关系。

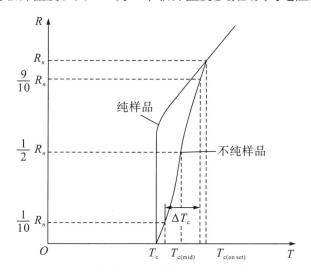

图 8.1 临界温度参数与电阻的相互关系

2. 临界磁场（H_c）

对于处于超导态的物质，若外加足够强的磁场，可以破坏其超导性，使其由超导态转变为常导态。一般将可以破坏超导态所需的最小磁场强度叫做临界磁场，以 H_c 表示，H_c 是温度的函数，即：

$$H_c = H_0 \left[1 - \left(\frac{T}{T_c} \right)^2 \right] \quad (T \leqslant T_c)$$

式中，H_0 为绝对零度时的临界磁场，当 $T = T_c$ 时，$H_c = 0$。随着温度下降，H_c 升高，到绝对零度时达到最高。可见，在绝对零度附近超导材料并没有实用意义，超导材料的使用都要在临界温度以下的较低温度才能使用。在超导材料中，第二类超导材料有两个临界磁场，在后面的内容中将进行详细介绍。

3. 临界电流（I_c）

产生临界磁场的电流，即超导态允许流动的最大电流称为临界电流（I_c）。超导材料无阻载流的能力是有限的，当通过超导材料中的电流达到临界值时，又会重新出现电阻，其与温度和磁场的关系如下：

$$I_c = I_\infty \left(- \frac{T}{T_c} \right)^2$$

$$I_c = \frac{1}{2} a H_c$$

式中，I_∞ 为绝对零度时的临界电流，a 为超导材料形成回路的半径。

4. 三个临界参数的关系

要使超导材料处于超导状态，必须将其置于三个临界值 T_c，H_c 和 I_c 之下的条件中。这三者缺一不可，任何一个条件遭到破坏，超导状态随即消失。其中，T_c，H_c 只与材料的电子结构有关，是材料的本征参数；而 H_c 和 I_c 不是相互独立的，它们彼此相关并依赖于温度。三个临界参数的关系可用如图 8.2 所示的曲面来表示。在临界界面以内的状态为超导态，其余均为常导态。

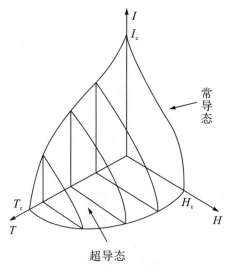

图 8.2　超导材料的临界转变点

8.1.3　超导材料的种类

根据迈斯纳效应，可将超导材料分为以下两类：

（1）第一类超导材料（软超导材料）。

第一类超导材料在磁场 H 到达临界磁场之前，具有完全的导电性和可逆的迈斯纳效应。因为超导材料内的磁感强度为 $H+M$，当 $H<H_c$ 时，$B=0$，即 $M=-H$，超导材料处于完全抗磁性；当 $H>H_c$ 时，超导态转为常导态，$B=\mu_0 H$，$M=0$。

除钒、铌、钽以外的其他超导元素都属于第一类超导材料，它们的 H_c，I_c 很低，几乎没有实用性。

（2）第二类超导材料。

第二类超导材料的主要特征是有两个临界磁场，即下临界磁场 H_{c1} 和上临界磁场 H_{c2}。当磁场强度 $H<H_{c1}$ 时，超导材料处于零电阻和完全抗磁性的超导态，即与第一类超导材料一样；当 H 加大至 H_{c1} 并从 H_{c1} 逐步增强时，磁场部分进入超导材料内，并随着 H 的增加，进入深度增大，直到 $H=H_{c2}$，磁场完全进入超导材料内，使其恢复到具有正常电阻的常导态。超导材料在 $H_{c1}<H<H_{c2}$ 之间的状态称为混合态。在混合状态下，第二类超导材料仍具有零电阻，但不具有完全抗磁性，直到 $H>H_{c2}$ 时，超导材料的零电阻才被破坏。图 8.3 为第二类超导材料的磁化曲线。第二类超导材料有更高的临界磁场、临界电流密度和更高的临界温度，其包括钒、铌、钽以及大多数超导合金和超导化合物。

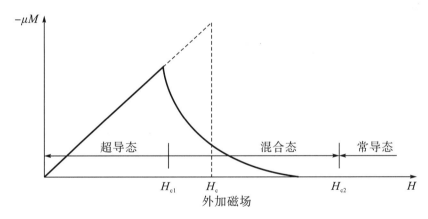

图 8.3　第二类超导材料的磁化曲线

8.1.4　超导材料的微观机制

1. BCS 理论

1957 年，巴丁、库珀和施里弗用电子－晶格相互作用模型解释了传统金属的超导微观机理（BCS 理论），于 1972 年获诺贝尔物理学奖。

常导体在常温下时，其金属原子失去外层电子，自由电子无序地充满在正离子周围。在电压作用下，自由电子的定向运动就成为电流。自由电子在运动中受到的阻碍称为电阻。当其处于超导临界温度以下时，自由电子将不再完全无序地"单独行动"，而是形成"电子对"，即"库珀电子对"，并且温度越低，结成的电子对越多，电子对的结合越牢固，超导电性越显著。在电压的作用下，这种有秩序的电子对按一定方向畅通无阻地流动起来。当温度升高后，电子对因受到热运动的影响而遭到破坏，从而失去了超导性。这就是著名的 BCS 理论，它表现了目前许多科学家对超导现象的理解。

为什么同样带负电的电子能够不互相排斥而形成库珀电子对？负负不是应该相排斥吗？为何反而相吸？巴丁、库珀、施里弗利用量子力学对此进行了计算并作出解释：

在低温时，库珀电子对中的两个电子会由于带正电的原子核的协助，由互相排斥变为较弱的相互吸引，使库珀电子对存在。当两个电子组成电子对后，其中一个电子即使受到晶格振动或杂质的阻碍，另一个电子也会起调节作用，使电子通路不受影响，从而产生超导现象。

BCS 理论的临界温度上限约为 40 K，但目前发现的高温超导材料，使得人们需要进一步探索超导的奥秘。

2. 隧道效应

经典物理学认为，物体越过势垒有一阈值能量，若粒子能量小于阈值能量，则不能越过势垒；若粒子能量大于此能量，则可以越过势垒。量子力学则认为，即使粒子能量小于阈值能量，如果有很多粒子冲向势垒，那么一部分粒子发生反弹，但还是会有一些粒子能过去，这就好像一个隧道，所以称之为隧道效应。由此可见，宏观上的确定性在微观上往往具有不确定性。虽然在通常情况下，因为隧穿概率极小，隧道效应并不影响经典的宏观效应，但在某些特定的条件下，宏观的隧道效应也会出现。因此，隧道效应可以定义为电子具有穿过比其自身能量还要高的势垒的本领。穿透概率随势垒的高度和宽度的增加而迅速减小。

如果在两块 Al 之间夹入一层很薄的势垒（10^{-10} m），当在两块 Al 之间加上电势差后，就有电流通过绝缘层，这就是正常金属的隧道效应。

1962 年，年仅 20 岁的英国剑桥大学实验物理学研究生约瑟夫森预言，当两个超导材料之间设置一个绝缘薄层构成 SIS（Superconductor－Insulator－Superconductor）时，电子可以穿过绝缘体从一个超导材料到达另一个超导材料。约瑟夫森的这一预言不久就由安德森和罗厄耳的实验观测所证实——电子对通过两块超导金属间的绝缘薄层（厚度约为 1 nm）时发生了隧道效应。这一效应被称为"约瑟夫森效应"。宏观量子隧道效应确立了微电子器件进一步微型化的极限，当微电子器件进一步微型化时，就必须要考虑上述的量子效应。例如，在制造半导体集成电路时，当电路的尺寸接近电子波长时，电子就通过隧道效应穿透绝缘层，使器件无法正常工作。因此，宏观量子隧道效应已成为微电子学、光电子学中的重要理论。

约瑟夫森计算表明，当绝缘层厚度小于 $(1.5 \sim 2) \times 10^{-9}$ m 时，除了出现正常电子的隧道电流外，还会出现一种与库珀电子对相联系的隧道电流，而且库珀电子对穿越势垒后，仍保持其配对的形式。

约瑟夫森效应主要用于以下几个方面：

（1）制成高灵敏度磁强计，灵敏度达 10 Gs，可测量人体心脏跳动和人脑内部的磁场变化，作出"心磁图"和"脑磁图"。在物理研究和地质探矿等方面也得到应用。

（2）用于制作高精度检流计、电压比较仪、电流比较仪，还用于射频电压、电流、功率及衰减的精密测量。

（3）用作毫米波、亚毫米波的检波器和混频器，其优点是噪声低、频带宽、损耗小。

（4）约瑟夫森结可用作计算机中的开关和记忆元件。其开关速度可达到 10 ps，功耗也很小。

8.2　超导材料的发展及分类

超导研究获诺贝尔物理学奖情况：①1913 年，昂尼斯在低温下研究物质的性质并发现了汞的零电阻现象；②1972 年，巴丁、库珀、施里弗提出 BCS 超导性理论；③1973 年，约瑟夫森对关于固体中隧道现象的发现，从理论上预言了超导电流能够通过隧道阻挡层（即约瑟夫森效应）；④1988 年，柏诺兹、穆勒发现新超导材料（LaBaCuO）；⑤2003 年，阿布里科索夫、莱格特、金茨堡由于在超导和超流体领域中做出的开创性贡献而获得诺贝尔物理学奖。

8.2.1　超导材料的发展

1911 年，荷兰物理学家昂尼斯（1853—1926 年）发现，水银的电阻率并不像预料的那样随温度的降低逐渐减小，而是当温度降到 4.15 K 附近时，水银的电阻突然降到零，显示出超导性。现已发现大多数金属元素以及数以千计的合金、化合物都在不同条件下显示出超导性。如钨的转变温度为 0.012 K，锌为 0.75 K，铝为 1.196 K，铅为 7.193 K。

超导材料得天独厚的特性，使它可能在各种领域得到广泛应用。但由于早期的超导材料只能存在于极低温度条件下，所以极大地限制了超导材料的应用。人们一直在探索高温超导材料，从 1911 年到 1986 年，从水银的转变温度为 4.2 K 提高到 Nb_3Ge 的 23.22 K，总共提高了 19 K。

1986 年，高温超导材料的研究取得了重大突破，掀起了以研究金属氧化物陶瓷材料为对象、以寻找高临界温度超导材料为目标的"超导热"。全世界有 260 多个实验小组参加了这场竞赛。

1986 年 1 月，美国国际商业机器公司设在瑞士苏黎世实验室的科学家柏诺兹和穆勒首先发现钡镧铜氧化物是高温超导材料，其可以将超导温度提高到 30 K；紧接着，日本东京大学工学部又将超导温度提高到 37 K；12 月 30 日，美国休斯敦大学宣布，美籍华裔科学家朱经武又将超导温度提高到 40.2 K；1987 年 1 月初，日本川崎国立分子研究所将超导温度提高到 43 K；不久之后，日本综合电子研究所又将超导温度提高到 46 K 和 53 K。中国科学院物理研究所由赵忠贤、陈立泉领导的研究组，获得了 48.6 K 的锶镧铜氧系超导材料，并发现这类物质在 70 K 有发生转变的迹象。2 月 15 日，朱经武、吴茂昆获得了 98 K 的超导材料。2 月 20 日，中国宣布发现 100 K 以上的超导材料。3 月 3 日，日本宣布发现 123 K 的超导材料。3 月 12 日，北京大学成功地用液氮进行了超导磁悬浮实验。3 月 27 日，美国华裔科学家又发现在氧化物超导材料中有转变温度为 240 K 的超导迹象。之后，日本鹿儿岛大学工学部发现由镧、锶、铜、氧组成的陶瓷材料在 287 K 存在超导迹象。高温超导材料的巨大突破，可以使液氮代替液氦作超导制冷剂获得超导材料，使超导技术走向大规模开发应用。氮是空气的主要成分，液氮制冷剂的效率比液氦至少高 10 倍，且液氮制冷设备简单，用液氮冷却制备高温超导材料，被认为是 20 世纪科学上最伟大的发现之一。

2001 年 1 月，日本青山学院的秋光纯在一个学术会议上报告，当温度到 39 K 时，MgB_2 失去电阻成为超导材料，这一温度是目前稳定的金属超导材料转变温度的 2 倍。这种新超导材料既便宜，又容易制作，但磁场会严重影响 MgB_2 的超导性能，并大大降低它所能承载的最大电流。美国科学家在 MgB_2 中掺入了一点氧，结果发现其抗磁能力大大增加，临界电流强度也有所提高。英国科学家则使用质子束轰击 MgB_2，打乱其晶体中原本有规则的原子结构，也成功地使磁场对 MgB_2 超导性能的影响力下降。

2008 年，日本和中国科学家相继报告发现了一类新的高温超导材料——铁基超导材料。日本科学家首先发现氟掺杂镧氧铁砷化合物在临界温度 26 K（−247.15℃）时，具有超导特性。3 月 25 日，中国科技大学陈仙辉领导的科研小组发现，氟掺杂钐氧铁砷化合物在临界温度 43 K（−230.15℃）时变成超导材料。美国《科学》杂志网站报道，物理学界认为这是高温超导研究领域的一个"重大进展"。科学家们都认为，新的铁基超导材料将激发物理学界新一轮的高温超导研究热，下一步，科学家们将着眼于合成由单晶体构成的高品质铁基高温超导材料。

2012 年 9 月，德国莱比锡大学的研究人员宣布，石墨颗粒能在室温下表现出超导性。研究人员将石墨粉体浸入水中后滤除干燥，置于磁场中，结果发现一小部分（大约 0.01%）样本表现出抗磁性，而抗磁性是超导材料的标志性特征之一。虽然表现出超导性的石墨颗粒很少，但这一发现仍然具有重要意义。迄今为止，超导材料只有在低于 −110℃时才能够表现超导性。如果像石墨粉体这样便宜且容易获得的材料能在室温下实现超导，将引发一次新的现代工业革命。

超导材料在临界温度以上，即"正常态"时，一般都是导体甚至是良导体。铜氧化物超导材料的母体是绝缘体，通过掺杂更多的载流子成为导体后才能在临界温度以下进入超导态，因此，把超导材料划分在导体和绝缘体之外似乎也不甚准确。铜氧化物超导材料中的超导机理至今还不清楚，同时，人们还在不断发现其他类型的超导材料，它们的超导机理更为复杂。

8.2.2　超导材料的分类

超导材料的分类没有唯一的标准，最常用的分类如下：

（1）由物理性质，可分为第一类超导材料（超导相变属于一阶相变）和第二类超导材料（超导相变属于二阶相变）。

（2）由超导理论，可分为传统超导材料（超导机制可用 BCS 理论解释）和非传统超导材料（超导机制不能用 BCS 理论解释）。

（3）由超导相变温度，可分为高温超导材料（可用液态氮冷却形成超导材料）和低温超导材料（需要其他技术冷却）。

（4）由材料，可分为化学元素超导材料（如汞和铅）、合金超导材料（如铌钛合金和铌锗合金）、陶瓷超导材料（如钇钡铜氧和二硼化镁）和有机超导材料（如富勒烯和碳纳米管）。

由于超导材料应用的最大限制是其低的临界温度，许多研究都是采用各种研究手段以提高其临界温度，下面将重点介绍以临界温度分类的超导材料，即低温超导材料和高温超导材料。

8.2.2.1　低温超导材料

1. 化学元素超导材料

在常压下，已有 28 种超导元素。其中，过渡族元素 18 种，如 Ti，V，Zr，Nb，Mo，Ta，W，Re 等；非过渡族元素 10 种，如 Bi，Al，Sn，Cd，Pb 等。按临界温度排列，Nb 居首位，其临界温度为 9.24 K；第二位是人造元素 Tc，其临界温度为 7.8 K；第三位是 Pb，其临界温度为 7.197 K；第四位是 La（6.06 K）；然后是 V（5.4 K），Ta（4.47 K），Hg（4.15 K）；以下依次为 Sn，In，Tl，Al。超导元素由于临界磁场很低，其超导状态很容易受磁场影响而受破坏，因此很难实用化，且实用价值不高。

在常压下不表现超导电性的元素，在高压下有可能呈现超导电性，而原为超导材料的元素在高压下其超导电性也会改变。如 Bi 在常压下不是超导材料，但在高压下呈现超导电性；而 La 虽在常压下是超导材料，其临界温度仅为 6.06 K，若用 15 GPa 高压作用，其产生的新相的临界温度可高达 12 K。另外，有一部分元素在经过特殊工艺处理（如制备薄膜、电磁波辐照、离子注入等）后显示出超导电性。

2. 合金超导材料

超导元素加入某些其他元素作为合金成分，可以使超导材料的全部性能提高。如最先应用的铌锆合金（Nb−75Zr），随后发展了铌钛合金，虽然 T_c 稍低了些，但 H_c 高得多，能在给定磁场承载更大电流。

与化学元素超导材料相比，合金超导材料具有较高的临界温度、临界磁场及临界电流密度，同时，其机械强度高、应力应变较小、塑性好、成本低，易于大量生产的超导材料，使其在超导磁体、超导大电流输送等方面得到实际应用。

合金超导材料主要有 Ti−V，Nb−Zr，Mo−Zr，Nb−Ti 等合金系，其中 Nb_3Ge 的临界温度最高（23.2 K）。

（1）Nb−Ti 合金。

在目前的合金超导材料中，Nb−Ti 合金实用线材的使用最为广泛，其制造技术比较成熟，性能稳定，生产成本低，是制造磁流体发电机大型磁体的理想材料。

Nb−Ti 合金的 T_c 随成分变化。含 Ti 为 50% 时，T_c 为 9.9 K；同时，随 Ti 含量增加，强磁场的特性会提高。Nb−33Ti 合金的 T_c=9.3 K，H_c=11.0 T；Nb−60Ti 的 T_c=9.3 K，H_c=12 T（4.2 K）。目前，Nb−Ti 合金是用于 7~8 T 磁场下的主要的超导磁体材料。在 Nb−Ti 合金中加入 Ta 的三元合金，其性能将进一步提高，Nb−

60Ti-4Ta 合金的 T_c=9.9 K，H_c=12.4 T；Nb-70Ti-5Ta 的 T_c=9.8 K，H_c=12.8 T。

（2）Nb-Zr 合金（应用最早的超导线）。

Nb-Zr 合金具有低磁场、高电流、延展性好、抗拉强度高的特点，但工艺复杂，制造成本高，所以逐渐被 Nb-Ti 合金替代。

当含 10%～30%的 Zr 时，Nb-Ti 合金的 T_c 最大，为 11 K；临界磁场也取决于 Zr 的含量，当含 Zr 为 65%～75%时达到最大。

（3）三元系合金（改善二元合金的性能）。

三元系合金主要有 Nb-Zr-Ti，Nb-Ti-Ta，Nb-Ti-Hf 等，它们是制造磁流体发电机大型磁体的理想材料。如 Nb-Ti-Ta 合金，加入 5%的 Ta 之后，T_c 升高 1 K；对合金进行热处理（400℃），可以提高 I_c。

3. 化合物超导材料

化合物超导材料一般为金属间化合物（过渡族金属元素之间形成），此类超导材料的临界温度与临界磁场一般比合金超导材料的高（Nb_3Sn 的临界温度可达 18 K），可用作强磁场超导材料，但其脆性大，不易直接加工成带材或线材。

Nb_3Sn 超导化合物具有高临界温度（18 K）、高临界磁场（4.2 K 下为 22.1 T）、高临界电流（10 T 下为 $4.5×10^5$ A），可用来制作 8～15 T 的超导磁体。

Nb_3（Al，Ge）化合物（Nb_3Ge 临界温度 23.2 K）具有高临界磁场（4.2 K 下为 42 T），较低的临界电流（10^3～10^4 A）。其临界磁场是现有超导材料中最高的。

二硼化镁（MgB_2）超导材料的临界温度高达 39 K，其结构简单，易于制作加工，有着广阔的应用前景。迄今为止，二硼化镁的超导转变温度是简单金属化合物中最高的。但是，磁场会严重影响二硼化镁的超导性能，并大大降低它所能承载的最大电流。

8.2.2.2 高温超导材料

高温超导是一种物理现象，指一些具有较其他超导物质相对较高的临界温度的物质在液态氮的环境下产生的超导现象。高温超导材料是超导物质中的一类，具有一般超导材料的结构特征以及相对适度间隔的铜氧化物平面，所以也被称作铜氧化物超导材料。此类超导材料中，有些物质的超导性出现的临界温度是已知超导材料中最高的。高温超导材料的 T_c>77 K（液氮温度），其最大缺点为脆性大，加工困难。主要包括氧化物超导材料和非氧化物超导材料。1986 年之后，发现了更高临界温度的超导材料，如 YBaCuO（T_c=90 K）、TiBaCaCuO（T_c=120 K）等。

1. 氧化物超导材料

1987 年起，超导材料临界温度 T_c 提高到 77 K，高温超导材料经历了四代：

（1）第一代高温超导材料：钇系，如 Y-Ba-Cu 氧化物，T_c=90 K。

（2）第二代高温超导材料：铋系，如 Bi-Sr-Ca-Cu 氧化物，T_c=114～120 K。

（3）第三代高温超导材料：铊系，如 Ta-Ca-Ba-Cu 氧化物，T_c=122～125 K。

（4）第四代高温超导材料：汞系，如 Hg-Ca-Ba-Cu 氧化物，T_c=135 K。

特点：具有与低温超导材料相同的超导特性，即零电阻现象、迈斯纳效应和约瑟夫森效应。氧化物超导材料都含有铜和氧，因此也称为铜氧基超导材料，它们具有类似的层状结晶结构，铜氧层是超导层。

图 8.4 为不同种类超导材料的三个限制因素，从图中可以看到，YBaCuO 的三个限制因素的范围最大，即其超导性质的应用较广。

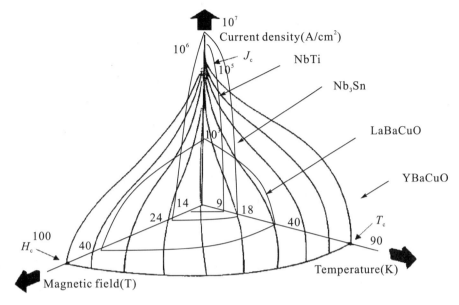

图 8.4 不同种类超导材料的三个限制因素

Y−Ba−Cu−O 超导材料（以下简称"YBCO"）的块材制备工艺简单，具体流程如下：

原材料（氧化物或碳酸物）$\xrightarrow[\text{加热到 900℃}]{\text{化学剂量比}}$ 钇钡铜氧化合物粉体

$\xrightarrow[\text{压制成形}]{\text{加热到 1000℃}}$ 烧结成块 $\xrightarrow[\text{热处理}]{\text{加热到 450℃}}$ 超导块材

YBCO 块材的制备技术和产量的改善是迫切需要解决的问题，未来的研究主要集中于三个方面：①大尺寸块材的制备和批量化；②进一步提高块材的力学性能；③提高块材的临界电流密度 J_c。

YBCO 材料的脆性大且易碎，加工难度大，而使用过程中经常需要长的 YBCO 带材。YBCO 长带材的制备必须依托一定的基底（提供机械强度）为支撑，在其上制备 YBCO 层，目前使用最多的基底是 Ni−5W 合金。为了防止 YBCO 材料与基底材料发生反应，通常在基底和 YBCO 材料之间加入一层缓冲层，缓冲层除了可以有效地阻止材料之间的反应外，也为 YBCO 的生长提供底板，常见的缓冲层材料主要有 Y_2O_3，$Gd_2Zr_2O_7$ 和 $SrTiO_3$ 等。YBCO 易受环境的影响，为了得到性能优异的超导 YBCO 带材，一般还需在 YBCO 层上制备保护层，如电镀或沉积铜等金属保护层。

由于 YBCO 材料优越的特性，多国科研机构和企业已将目标锁定在 YBCO 带材的制备。有能力制备百米级 YBCO 带材的企业不多，国外主要有美国 IGC、美国超导公司、日本住友电气工业株式会社和日本藤仓公司。2009 年 4 月，韩国 LS 电缆公司向美国超导公司订购了 800 000 m 的 YBCO 带材用于制备超导电缆，美国超导公司也于 2012

年正式开始向 LS 电缆公司供应。2011 年 1 月 23 日，上海交通大学物理系的李贻杰教授领导的科研团队采用独特的技术路线成功制备了百米级的载流能力为 194 A 的 YBCO 超导带材，实现了国内超导带材领域的新突破，并为后续的产业化打下了基础。

2. 非氧化物超导材料

非氧化物超导材料主要是 C_{60} 化合物，具有极高的稳定性和较低的成本。

1991 年发现的 C_{60} 晶体的超导转变温度只有 18 K，通过掺杂 $CHCl_3$ 后，C_{60} 的超导转变温度达到了 80 K。2001 年，美国物理学家舍恩及其研究小组，通过在 C_{60} 晶体中掺杂有机化合物，成功地将 C_{60} 的超导转变温度提高到 117 K，使 C_{60} 进入高温超导材料的行列。

C_{60} 超导材料有较大的发展潜力，它的弹性较大，比质地脆硬的氧化物陶瓷易于加工成型，而且它的临界电流、临界磁场和临界温度均较大，这些特点使 C_{60} 超导材料更具实用化价值。C_{60} 被誉为 21 世纪新材料的"明星"，它已展现了机械、光、电、磁、化学等多方面的新奇特性和应用前景。有人预言巨型 C_{240}，C_{540} 的合成如能实现，还可能制备出室温超导材料。

高温超导材料制备所面临的问题：①材料制造成本高，价格昂贵；②高温超导材料的临界电流和临界磁场的提高仍是研究难题；③长距离超导线材的制造仍然有很大的难度。

在新材料探索方面，可以考虑在铜氧化合物和铁基材料中挖掘并开发出新的实用超导材料；另外，高压下 HgBaCuO 的临界温度已经可以达到 150～160 K，表明超导态是可以在较高的温度下存在，因此有希望找到在常压下临界温度更高的超导材料。

2008 年 2 月，日本科学家发现氟掺杂镧氧砷化合物在临界温度 26 K 时，具有超导特性。一个月后，中国科技大学陈仙辉领导的科研小组和中国科学院物理研究所王楠林领导的科研小组又几乎同时发现，氟掺杂钐（铈）氧铁砷化合物的临界温度突破了常规超导材料 40 K 的极限。紧接着，中国科学院物理研究所的赵忠贤领导的研究小组又将其临界温度提高到 55 K。铁基超导材料的发现极大地推动了超导材料的发展，结束了 20 多年来铜氧化合物高温超导材料占领高温超导材料领域的局面。铁基高温超导材料可以不需要氧，甚至只需要两个元素，但它也有一定的限制，如铜氧化合物的高温超导温度已达 138 K，而铁基超导材料的超导温度仅为 55 K，两者之间差距仍较大。

8.3　超导材料的应用

超导材料具有的优异特性使它从被发现之日起，就向人类展示了广阔的应用前景。但超导材料的实际应用又受到临界参量和材料制作工艺等一系列因素的制约，例如，脆性超导陶瓷如何制成柔细的线材就面临着一系列工艺问题。

超导材料的应用主要有：①利用材料的超导电性制作磁体，应用于电机、高能粒子加速器、磁悬浮运输、受控热核反应、储能等；制作电力电缆，用于大容量输电（功率可达 10 000 MW）；制作通信电缆和天线，其性能优于常规材料。②利用材料的完全抗磁性制作无摩擦陀螺仪和轴承。③利用约瑟夫森效应制作精密测量仪表、辐射探测器、微波发生器以及逻辑元件等；利用约瑟夫森结制作计算机的逻辑和存储元件，其运算速度比高性能集成电路快 10～20 倍，功耗只有其 1/4。

超导应用可以分为：①大电流应用（强电强磁），如超导发电、输电和储能等；②电子学（弱电弱磁），如超导计算机等电子信息领域；③抗磁性的应用，如磁悬浮列车、热核聚变反应堆等。下面将分类介绍超导材料在各个领域的应用。

8.3.1　超导材料在电力技术领域的应用

1. 电力输送

目前，有大约 15％的电能损耗出现在输电线路上，采用超导材料输电，可大大减少损耗，且省去了变压器和变电所。

将超导电缆放在绝缘、绝热的冷却管里，管里盛放冷却介质（如液氢等），冷却介质经过冷却泵站进行循环使用，保证整条输电线路都在超导状态下运行。这样的超导输电电缆比普通的地下电缆容量大 25 倍，可以传输几万安培的电流，电能消耗仅为所输送电能的万分之几。

2. 超导发电机

超导发电机是高效稳定的发电设备，它是在常规发电机的基础上应用超导技术发展而来的，它的结构和工作原理与常规发电机相同，均是由转子内磁场线圈所产生的磁场在旋转过程中切割定子线圈，而在定子线圈上发出交流电的。其不同的就是超导发电机转子内的磁场线圈是用超导线材制成的，它大大地减少了磁场线圈中的电能损耗，使功率密度大幅提高，同步电阻明显减小。利用超导线圈磁体可以将发电机的磁场强度提高到 $(5\sim6)\times10^4$ Gs，并且几乎没有能量损失。

超导发电机的单机发电容量比常规发电机提高 5～10 倍，达到 1×10^4 MW，而体积却减少 1/2，整机重量减轻 1/3，发电效率提高 50％。

3. 超导变压器

超导变压器的基本结构和工作原理与常规浸油变压器相同，都是由一次、二次线圈和铁芯等部分组成。超导变压器采用超导线圈代替了常规变压器内的铜线制作一次、二次线圈，并且超导线圈浸在液氦或液氮中。与常规浸油变压器相比，超导变压器具有小型、轻量、高效率、无燃烧危险、限流效果好等优点。

4. 超导磁流体发电

超导磁流体发电是一种靠燃料产生高温等离子体，并使这种气体通过磁场而产生电流的方式。

超导磁流体发电可以产生较大磁场，并且损耗小、体积重量小，适用于大功率的脉冲电源和舰艇电力推进。

5. 超导磁性储能

超导磁性储能具有高载流能力和零电阻特点，可以储存大量能量。

若超导材料线圈做得很大，则在线圈内所储存的能量可以很大。当需要使用超导线圈内的能量时，可把控温区升温到大于 T_c，这时电流被迫向外流，即可把超导线圈当成电源供应器。

美国已经设计出一种大型超导磁能存储系统，采用 NbTi 电缆和液氮冷却，储能环的半径为 750 m，将其埋在地下洞穴内，可储存 5000 MW·h 的巨大电能（相当于 4300 t 炸药爆炸时产生的能量），转换时间为几分之一秒，其效率达到 98%。

8.3.2 超导材料在交通领域的应用

超导材料可以应用于超导磁悬浮列车，中国、日本、德国、俄罗斯等国家已成功制造陆地上最快的交通工具——超导磁悬浮列车，其时速高达 400~500 km/h。

超导磁悬浮列车上装有超导磁体，由于磁悬浮而在线圈上高速前进。这些线圈固定在铁路的底部，由于电磁感应，在线圈里产生电流，地面上线圈产生的磁场极性与列车上的电磁体极性总是保持相同，这样，在线圈和电磁体之间就会一直存在排斥力，从而使列车悬浮起来。

日本 Yamanachi（山梨县）超导磁悬浮列车推进原理：被安装在轨道两旁墙上的推进线圈产生变换的磁场，使得轨道两旁的推进线圈的电流一正一反不断地流动，车上装设的超导磁铁（低温超导线圈）便会受到推进线圈产生的变换磁场有连续的吸引力与推进力。

8.3.3 超导材料在信息技术方面的应用

利用约瑟夫森效应已成功地制作出了超导磁场计。此仪器能探测很微弱的磁场，侦察遥远的目标，如潜艇、坦克等活动目标。超导材料开关对一些辐射比较敏感，能探测微弱的红外线辐射，为远距离指挥做出正确判断提供了直接的依据，为探测航天器、卫星等提供了高灵敏度的信息系统。基于超导材料隧道效应的器件能够检测出相当于地球磁场几亿分之一的变化，世界上最快的模数转换器和最精密的陀螺仪都得以实现。

超导材料开关具有高速开关特性，是制作超高速计算机的重要元件。把超导数据处理器与外存储芯片组装成约瑟夫森式电子计算机，能获得高速处理功能，在 1 s 内可进行 10 亿次的高速运算，这是一般大型电子计算机运算速度的 15 倍。

计算机有很多电子组件，需要以导线连接，但一般导线有电阻会发热，所以连接不能太密，否则，温度太高时计算机会由于过热而死机。但若使用超导线连接组件，则无发热问题，所以可将计算机的运行速度提高。

8.3.4　超导材料的其他应用

1. 低温超导除铁器

中国科学院高能物理研究所成功研制出我国第一台低温超导除铁器。该装置高 2 m，重 7 t 左右，通电后会产生强大的磁力，吸走煤炭等原料中的细小铁杂物。由于采用了低温超导技术，这一装置的耗电量仅是普通工业除铁器的 10%。

2. 核聚变反应堆"磁封闭体"

核聚变反应时，内部温度高达 2 亿摄氏度。用超导材料产生的强磁场可以作为"磁封闭体"，将热核反应堆中的超高温等离子体包围起来，然后慢慢释放。

3. 核磁共振扫描仪（Magnetic Resonance Imagine，MRI）

超导材料作为超导电磁体，由于没有电阻发热的问题，消耗能量少，也可以产生非常巨大的磁场，所以可直接运用在要求高磁场的地方。对于核磁共振扫描仪，磁场越高，影像越清晰。

8.4　结束语

超导材料目前的研究热点：①建立明确的微观机制是高温超导研究的最高目标；②新型超导材料的探索是目前研究的最现实目标；③元素掺杂和替代是获得新型超导材料及认识其物性的有效手段；④测量高温超导物性的新方法的探索；⑤高温超导的应用研究；⑥超导薄膜以及单晶的制备。

2010 年，超导产业对我国 GDP 的贡献达到 20 亿美元，超导电力技术、超导通讯技术和超导量子干涉器件得到了实际应用。

我国超导材料产业初具规模，并以低温超导材料（NbTi，Nb_3Sn）和铋系高温超导带材为主，其材料性能达到国际先进水平，并能够满足国内应用。低温超导材料达到 1000 t 的年生产能力；铋系高温超导带材达到 10 000 km 的年生产规模；高温超导第二代带材（YBCO）达到实用化水平；高温超导大面积薄膜实现产业化。

预计到 2020 年，超导产业对我国 GDP 的贡献将达到 200 亿美元，超导电力技术、超导通讯技术、超导量子干涉器件得到广泛应用，超导材料在电力、医疗、交通、通讯和国防等领域得到广泛应用。我国形成较大规模并有较强国际竞争力的超导材料产业，占据国际超导市场的 10% 以上，材料制备普遍达到国际一流水平。这期间，高温超导材料将成为主体，第二代高温超导材料将形成规模产业。

中国科学院物理研究所的赵忠贤院士指出，根据我国目前超导研究的现状，今后应着力解决好三大问题：集中精力做好机理方面的研究；超导技术的应用是复杂的技术集成，要下力气解决好其中关键的技术问题；对国内的科研力量和资源科学进行整合，做好发展决策，选准技术路线。

参考文献

[1] 王正品，张路，要玉宏. 金属功能材料 [M]. 北京：化学工业出版社，2004.

[2] 冯瑞华，姜山. 超导材料的发展与研究现状 [J]. 低温与超导，2007，35 (6)：520−526.

[3] 杨军. 超导电性的研究及应用 [J]. 现代物理知识，2004，16 (5)：28−31.

[4] 周廉，甘子钊. 中国高温超导材料及应用发展战略研究 [M]. 北京：化学工业出版社，2007.

[5] 王醒东，徐华，项飞，等. YBCO 材料的发展及其应用 [J]. 江苏陶瓷，2012，48 (4)：7−10.

[6] Iida K，Babu N H，Shi Y. The microstructure and properties of single grain bulk Ag−doped Y−Ba−Cu−O fabricated by seeded infiltration and growth [J]. Physica C Superconductivity，2008，468 (15)：1387−1390.

[7] 杨军，张哲，尹项根，等. 高温超导电缆在电力系统中的应用 [J]. 电网技术，2004，28 (21)：63−70.

[8] 赵忠贤. 百年超导，魅力不减 [J]. 物理，2011，40 (6)：351−352.

[9] 金建勋. 高温超导材料及其强电应用技术 [M]. 北京：冶金工业出版社，2009.

[10] 王岳. 高温超导材料在舰船上的应用 [J]. 材料开发与应用，2005，20 (2)：33−36.

[11] 陈引干. 零电阻时代的超导陶瓷 [J]. 科学进展，375 (3)：6−11.

除以上参考文献外，还大量引用了互联网的内容。